陕西出版资金精品项目

SHAANXI CHUBAN ZIJIN JINGPIN XIANGMU

陕西出版资金资助项目

改变人类的诺贝尔科学奖

生理学或医学奖 1901—1934

豆麦麦 / 主编

陕西新华出版

陕西科学技术出版社

Shaanxi Science and Technology Press

西 安

图书在版编目(CIP)数据

改变人类的诺贝尔科学奖. 生理学或医学奖. 1901—1934/ 豆麦麦主编. —西安:陕西科学技术出版社,2017. 1（2024. 5 重印）

ISBN 978-7-5369-6878-3

Ⅰ. ①改… Ⅱ. ①豆… Ⅲ. ①诺贝尔生理或医学奖—青少年读物 Ⅳ. ①G321. 2-49②R33-49

中国版本图书馆 CIP 数据核字(2016)第 309270 号

改变人类的诺贝尔科学奖——生理学或医学奖 1901—1934

GAIBIAN RENLEI DE NUOBEIER KEXUEJIANG

——SHENGLIXUE HUO YIXUEJIANG 1901—1934

豆麦麦　主编

责任编辑	赵文欣
装帧设计	立米图书
出 版 者	陕西科学技术出版社 西安市曲江新区登高路1388号陕西新华出版传媒产业大厦B座 电话（029）81205187 传真（029）81205155 邮编710061 http://www.snstp.com
发 行 者	陕西科学技术出版社 电话（029）81205180 81206809
印　　刷	三河市双升印务有限公司
规　　格	720mm×1000mm　16 开本
印　　张	7.5 印张
字　　数	62 千字
版　　次	2017 年 2 月第 1 版 2024 年 5 月第 2 次印刷
书　　号	ISBN 978-7-5369-6878-3
定　　价	35.00 元

改变人类的诺贝尔科学奖

导　言

1901年12月10日，根据瑞典著名的化学家、硝化甘油炸药的发明人阿尔弗雷德·伯纳德·诺贝尔遗嘱设立的诺贝尔奖（物理、化学、生理学或医学、文学及和平5种）首次颁奖。自此之后，除个别年份因战争或其他因素没有颁发之外，每年都有。

作为与人类生活生产息息相关的物理、化学、生理学或医学更是受到全世界的瞩目。我们选取了这三类诺贝尔奖作为这套丛书的主线，来阐释这些获奖的科学家及其科学研究成果对人类社会的改变和深远影响。

在梳理和撰写这些科学家的故事及研究成果时，我们抛开了枯燥难懂的专业学术式的叙述方式，用大众更易理解与接受的形式，为读者奉上一道科学知识的盛宴。

我们无意做布道者，但是，在物理、化学、生理学或医学这些领域对人类作出重大贡献的科学家，是值得我们学习的，同时也应该了解他们为之所付出的艰辛。诚如阿尔弗雷德·伯纳德·诺贝尔在他的遗嘱里所言：“在颁发这些奖金的时候，对于授奖候选人的国籍丝毫不予考虑，不管他是不是斯堪的纳维亚人，只要他值得，就应该授予奖金。”

这正是诺贝尔奖的可贵之处，也是值得我们信赖的科学大奖，没有之一。

目录

改变人类的诺贝尔科学奖

生理学或医学奖 1901—1934

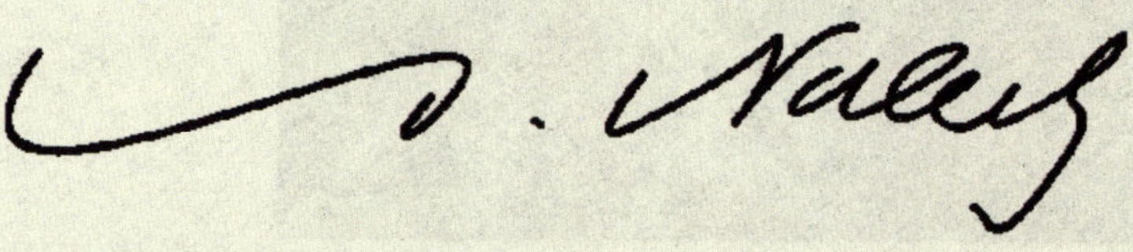

诺贝尔生理学或医学奖 1901 年	
获得者	埃米尔·阿道夫·冯·贝林
国籍	德国
获奖原因	对血清疗法的研究，特别是在治疗白喉应用上的贡献，由此开辟了医学领域研究的新途径

儿童的救星

19 世纪 80 年代，欧洲历史上发生了最残酷的人间惨剧——当时欧洲每年约有 5 万名 1~5 岁的儿童死于恐怖的白喉疾病。无数家庭处于惶恐不安和无奈的悲伤中，这样的人间惨剧持续了 10 余年。

1889 年，埃米尔·阿道夫·冯·贝林加入了举世闻名的细菌学家罗伯特·科赫教授的传染病研究所，成为罗伯特·科赫的助理，1894 年被任命为传染病研究所教授。在这期间，埃米尔·阿道夫·冯·贝林的主要研究工作就是找出对抗恐怖白喉疾病的方法。

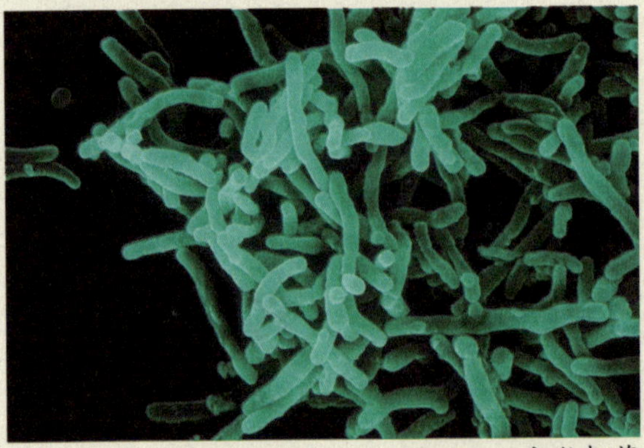

白喉杆菌

埃米尔·阿道夫·冯·贝林的研究工作历尽曲折。起

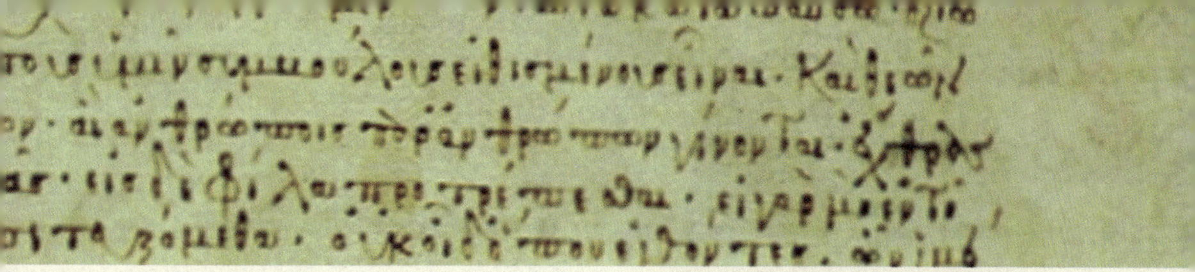

初，他认为可以用消毒方法来防止人体感染，但通过运用氯、汞等物质来尝试，都以失败而告终。

在接连的实验中，埃米尔·阿道夫·冯·贝林发现老鼠从来不会遭到炭疽（一种人畜共患的急性传染病）的感染，也就是说，老鼠体内的鼠血清能摧毁致命的炭疽杆菌。

埃米尔·阿道夫·冯·贝林，1854年3月15日出生于普鲁士王国西普鲁士的汉斯朵夫（今属波兰），德国医学家、细菌学家和血清学家。1874年，就读于柏林威廉皇帝军医学院；1878年，获得博士学位；1889年，到柏林传染病研究所从事研究工作。

那么，鼠血清内有什么样的神秘物质可以杀死炭疽呢？

埃米尔·阿道夫·冯·贝林开始用几内亚猪（一种小白鼠）做实验：他把白喉杆菌注入完全健康的几内亚猪后，一些几内亚猪死亡，一些幸存下来。接着，幸存下来的几内亚猪再次被注入白喉杆菌，此时，这些几内亚猪的血清内会产生一种抗体，从而可免于患上致命的白喉。埃米尔·阿道夫·冯·贝林称这些血清中的物质为“抗毒素”。

1891年圣诞节，埃米尔·阿道夫·冯·贝林成功地用羊的血清治愈了一名在柏林医院内生命垂危的白喉患儿，从此，那些罹患白喉疾病的患儿迎来了他们的春天，埃米尔·阿道夫·冯·贝林也被誉为“儿童的救星”。

1901年，首届诺贝尔生理学或医学奖被授予这位用抗毒素血清疗法治愈白喉的科学家——埃米尔·阿道夫·冯·贝林先生。

受贝林血清疗法的影响，由此开辟了医学领域研究的新途径——在20世纪上半叶，血清疗法被广泛应用于从甲肝到小儿麻痹症等疾病的治疗。

随着抗生素的发现和各类抗病毒药物的研究成功，这种方法逐渐淡出治疗这些疾病的主流，不过仍被用于少数疾病的治疗，比如阿根廷出血热，从血浆中提取抗体来治疗狂犬病和肉毒杆菌中毒等。

初期抗白喉血清包装

位于德国马尔堡的埃米尔·阿道夫·冯·贝林坟墓

抗毒素免疫

1890 年，埃米尔·阿道夫·冯·贝林根据实验结果提出了“抗毒素免疫”的新概念。耐受（指持续使用）过白喉的动物血清中有着对抗白喉毒素的抗毒素，它能中和毒素，使之失效，这在医学上称为“抗毒素的被动免疫”。比如用细菌的外毒素、类毒素或其他毒物对牛进行免疫注射，使牛产生抗毒素，然后，提取牛的血清，经过浓缩、提纯工艺，最终制成抗毒素。

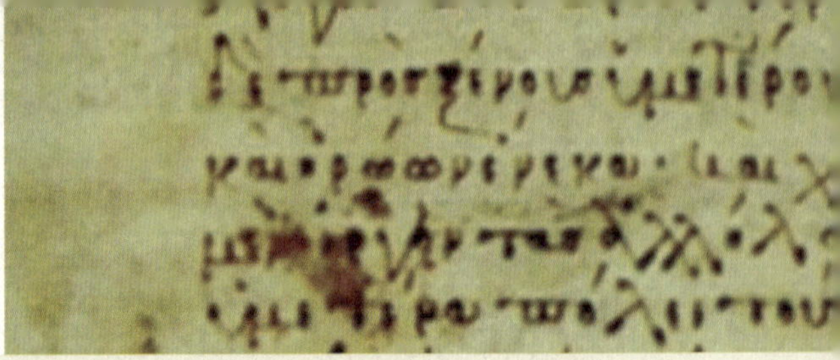

诺贝尔生理学或医学奖 1902 年	
获得者	罗纳德·罗斯
国籍	英国
获奖原因	证实了当时最大的流行病之一——疟疾是由疟蚊传播的，为成功防治疟疾奠定了基础

藏在疟蚊胃壁里的恶魔

1857 年 5 月 13 日，罗纳德·罗斯出生于阿尔莫拉（现在为印度北阿坎德邦阿尔莫拉县）。这里位于喜马拉雅山系，平均海拔 5500 米，是一个疟疾高发区。

当时疟疾正在全世界肆虐，每年有超过 300 万人因此死亡。印度的情况尤为严重：印度医院里的病人超过 1/3 是疟疾患者，印度每年直接或间接死于疟疾的人数超过了 100 万。可以说，罗纳德·罗斯自幼便耳濡目染地见到了这可怕的一切。

罗纳德·罗斯在办公室

1892 年，35 岁的罗纳德·罗斯开始投入到对疟疾的深入研究。1895 年，为了证实疟蚊是传播疟疾的媒

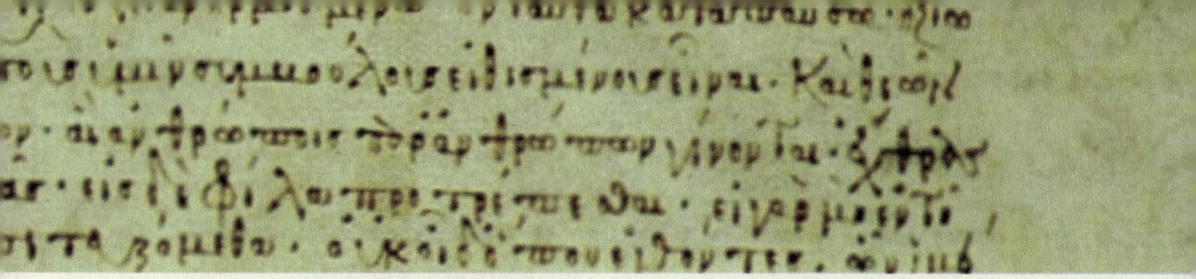

介（找到传播媒介就可以很好地预防疟疾的传播），他奔波于导致疟疾高发的印度乡村，在极差的卫生条件下

罗纳德·罗斯（左一）与同事合影

罗纳德·罗斯，英国微生物学家、热带病医师。1874 年，就读于英国伦敦圣巴托罗缪医学院；1879 年，获得医学博士学位。先后在印度医学中心、利物浦热带医学院从事疟疾的研究，1911 年发表《预防疟疾》一书。

传播疟疾的疟蚊

疟原虫的罪恶之旅

疟蚊广泛分布于除南极洲之外的全世界，已知有近 450 种亚种，其中有 30~40 种是疟原虫（疟疾的致病源）最喜欢的寄主，从而传播疟疾给人类。当雌性按蚊（疟蚊的一种）刺吸人血时，聚集在蚊子唾液腺中的疟原虫随蚊子唾液进入人体，就开始了它的罪恶之旅。它随血流侵入肝细胞，发育分裂增殖，并很快侵入红细胞。部分发育成雌、雄配子体，向人体的外周血液中转移，以便在下一个疟蚊吸食感染者的血液时溜进疟蚊的胃壁内进行进一步发育。

罗纳德·罗斯

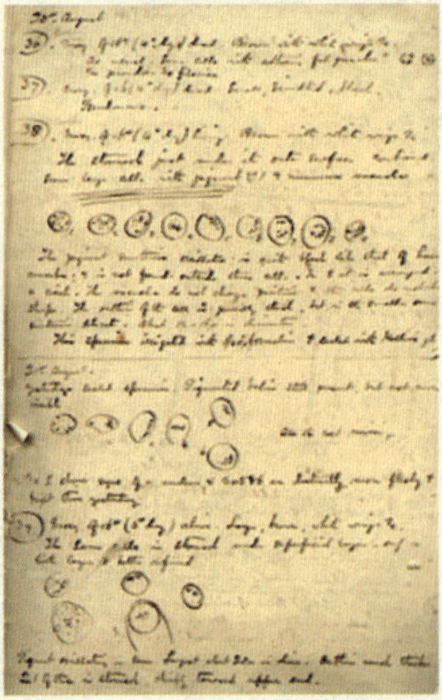

罗纳德·罗斯的手稿

捕捉各种蚊子用做研究。

南亚地区气候炎热潮湿，是疟疾传播的最好气候条件，1897 年，罗纳德·罗斯不幸也患上了疟疾。他不得不返回到锡康德拉巴德疗养，在那里，罗纳德·罗斯终于找到了传播疟疾的媒介——疟蚊。

罗纳德·罗斯经过实验得知，疟蚊是疟原虫的终宿主，而受到疟疾感染的人或动物的胃壁上都会出现这种疟原虫。疟疾传播的秘密终于被揭开了，那就是藏在疟蚊胃壁里的恶魔——疟原虫。

证实“疟疾是由疟蚊传播”为成功地防治当时最大的流行病之一的疟疾奠定了基础，并由此挽救了许多人的生命。因此，他被授予 1902 年的诺贝尔生理学或医学奖。

诺贝尔生理学或医学奖 1903 年	
获得者	尼尔斯·莱伯格·芬森
国籍	丹麦
获奖原因	使用集束光线治疗疾病，尤其在治疗寻常狼疮方面作出了贡献

光疗法的开拓者

苏联文学家高尔基曾说：苦难是人生最好的大学。

丹麦著名医学家尼尔斯·莱伯格·芬森的一生就充满了苦难。1860 年 12 月 15 日，尼尔斯·莱伯格·芬森出生于法罗群岛托尔斯港，4 岁时，母亲去世。尼尔斯·莱伯格·芬森患有一种罕见疾病，他在与疾病的战斗中完成了学业。20 多岁时，他的健康每况愈下，心脏衰竭的症状越来越重。1904 年，他在妻子的怀抱中与世长辞，年仅 44 岁。

但是，尼尔斯·莱伯格·芬森短暂的一生却在临床医学上做出了巨大的贡献。

尼尔斯·莱伯格·芬森

19 世纪，流行性传染疾病——天花——严重困扰着人类的身心健康。1892 年，尼尔斯·莱伯格·芬森决定着手研究光线对皮肤疾病的治疗作用。经过反复实验，他发现，光谱中不同性质的光线对人的机体的作用各不相同：光谱中的紫外线使天花病人皮肤起水泡、发高烧；而光谱中的红外线则能促进天花痊愈。1893年，尼尔斯·莱伯格·芬森利用光线治疗天花的研究首次获得成功。

就在取得成功之际，尼尔斯·莱伯格·芬森自身的病情加重，他不得不到冰岛疗养。在冰岛疗养期间，他发现冰岛居民正在深受寻常狼疮之苦。当时这是一种非常难治的皮肤结核病，主要损害人的五官和面颊，患者大多都因无法医治而被夺去生命。看到如此情景，尼尔斯·莱伯格·芬森把自己的疾病和休养之事置之度外，立即着手进行利用光线治疗狼疮的试验。最后，他成功研制出一种大型强力弧光灯——芬森灯。该灯经过过滤和透镜，能够得到一束聚合的“化学性”光线，这种光线具有杀灭细菌的作用。

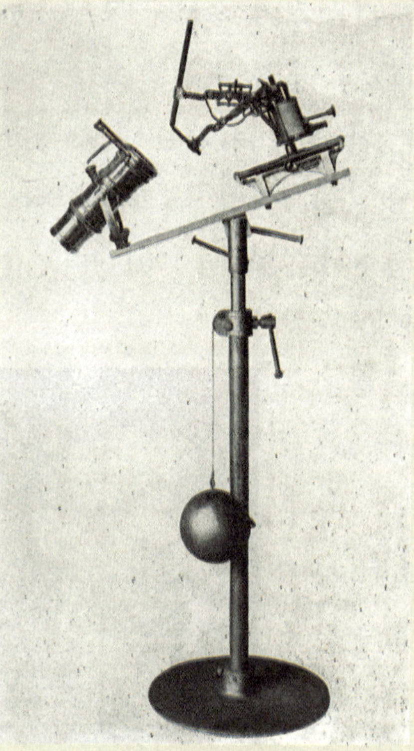
芬森灯

1895年11月，尼尔斯·莱伯格·芬森在第一位寻常狼疮病人身上使用光疗法并

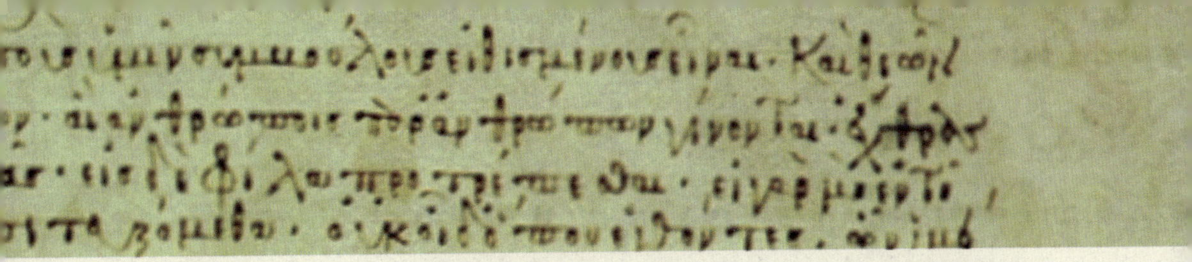

获得成功，因而被誉为“用光线治疗皮肤病的治疗法”的创始人，并由此获得了 1903 年的诺贝尔生理学或医学奖。

用光疗法治疗红斑性狼疮的老照片，拍摄于 1899 年。

今天，人类已经不再使用芬森灯治疗寻常狼疮等皮肤疾病，因为有了更加强大的抗皮肤结核的替代药物，但是尼尔斯·莱伯格·芬森的开创性光疗法仍然是伟大的：现代医院、公共场所等仍然在使用紫外灯进行环境灭菌。此外，受他的启发，一些能量更高的射线被用来治疗肿瘤等重大疾病。

光疗法的那点事儿

在光谱中，除了可见光之外，主要还有紫外线、红外线。其中紫外线对人体的影响最大，它能刺激机体的造血机能，提高机体免疫能力，改善和促进钙、磷代谢和体内维生素 D 的合成，可有效地预防软骨病或佝偻病；而占日光 60%～70%的红外线则更像一个热情高涨的鬼精灵，它能穿透到皮下组织，对人体有热刺激作用，从而使血管扩张，加快血液流通，促进体内新陈代谢，并可起到消炎镇痛的作用。

诺贝尔生理学或医学奖 1904 年	
获得者	伊凡·彼得洛维奇·巴甫洛夫
国籍	俄国
获奖原因	在消化的生理学研究上的工作，这一主题的重要方面的知识由此被转化和扩增

巴甫洛夫很忙

“巴甫洛夫很忙……”这是巴甫洛夫在生命的最后一刻对别人说的，当时有人敲门，想进来看看他。

巴甫洛夫将自己关在屋子里忙什么呢？

1936 年 2 月，弥留之际的巴甫洛夫一直密切注视着越来越糟糕的身体情况，不断地向坐在身边的助手口授生命衰变的感觉。

1935 年，著名画家涅斯捷罗夫·米哈伊尔所作的伊凡·彼得洛维奇·巴甫洛夫画像。

“巴甫洛夫很忙……巴甫洛夫正在死亡。”来人被拒之门外，只好心情复杂地走了。

巴甫洛夫在生与死的较量濒临高潮时所表现出来的

伊凡·彼得洛维奇·巴甫洛夫在实验室

勤奋、豁达、超然、镇静、无私、无畏，令人深深折服。直到生命最后一刻，这位伟大的俄国生理学家、“生理学的无冕之王”还不忘给后人留下一笔宝贵的科学财富。

伊凡·彼得洛维奇·巴甫洛夫，1849 年 9 月 26 日出生于俄国，他一生致力于生理学、心理学、高级神经活动学的研究，在消化生理学方面的研究成果使

巴甫洛夫实验

巴甫洛夫利用狗看到食物或吃东西之前会流口水的现象，在每次喂食前都先发出一些信号，并作记录。经过连续几次这样的实验后，狗将这些信号视作进食的开始，因此引发了进食会产生的流口水现象。

俄罗斯的巴甫洛夫博物馆内，保存着伊凡·彼得洛维奇·巴甫洛夫实验用的一只狗（标本）。

他荣获了1904年的诺贝尔生理学或医学奖。

过去研究器官功能时，多采用将该器官取出并观察的方法，虽然方便快捷，但局限性很大。为了方便地观察内脏器官在生理活动中的变化情况，巴甫洛夫创立了慢性实验法，即如果能在动物存活、器官仍在原处的条件下予以观察，则能最大限度地得到接近正常生理的实验数据，并最终使得上述理想成为现实。经过长期观察，他发现消化道的运动、消化腺的分泌、消化管以及感受器的血液供应等均受神经支配，这些发现，极大地丰富了人们对消化生理及神经调节的认识。

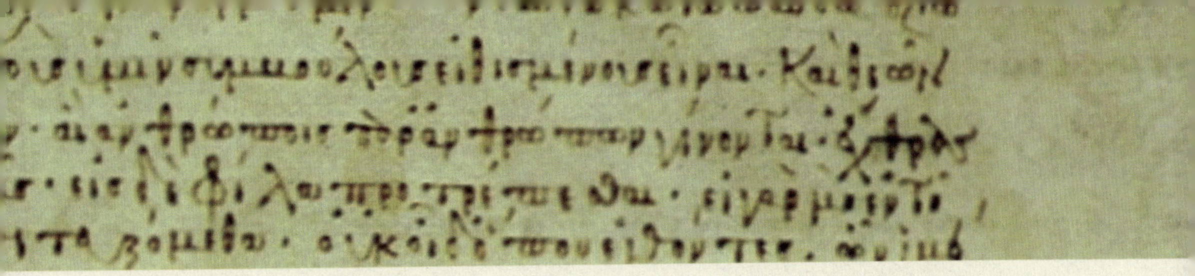

在此基础上，伊凡·彼得洛维奇·巴甫洛夫又取得了最著名的研究理论——条件反射学说。

条件反射学说又称“巴甫洛夫条件反射”。条件反射学说扩大了动物机体的反射活动范围，增加了动物活动的预见性和灵活性，从而增加了动物的适应能力和生存能力。条件反射学说的理论在畜牧实践、兽医临床及驯兽等方面得到了广泛的应用，可大大减轻管理人员的劳动强度，提高家畜的生产性能，提高经济效益，提高科学管理水平。

条件反射

简单地说，条件反射就是某一种具有典型性的或者反复出现的事物，对于人或其他生物的习惯性反应。比如你吃了一个绿苹果特别酸，那么当你看到另一个绿苹果的时候，可能口中就泛口水了；而看到粉红色的桃子时就不会。当你在某些人的身旁对气球吹气时，他们就会因为担心一些可怕的事情(如一声巨响)的发生而眯起眼变得紧张起来……

我国丰富的语言词汇中有不少条件反射的例子，杯弓蛇影、惊弓之鸟、望梅止渴、四面楚歌、一朝被蛇咬十年怕井绳等，形象生动地让大家很快理解条件反射的原理。

诺贝尔生理学或医学奖 1905 年	
获得者	罗伯特·科赫
国籍	德国
获奖原因	对结核病的相关研究和发现

传染病的克星

传染病堪称人类健康的头号公敌——鼠疫、伤寒、霍乱、肺结核……这些可怕的病魔，从古至今夺去了无数人的生命。而要攻克这些疾病，首先要弄清楚这些疾病的致病原因。德国医学家罗伯特·科赫第一个发现了传染病是由病原细菌感染造成的人。

1881 年，在研究结核病的过程中，罗伯特·科赫发明了使用固体培养基的细菌纯培养法，终于在 271 号样本中发现了染上蓝色素呈细棒状的结核杆菌；他又用含血清的培养基培养获得了人工培养出的结核杆菌；将结核杆菌制成悬

中国人民邮政（今中国邮政）1982 年发行的纪念罗伯特·科赫发现结核杆菌 100 周年的邮票

液注射到豚鼠腹腔内，豚鼠因此感染了结核病，证明了结核杆菌就是结核病的“罪魁祸首”。

罗伯特·科赫，1843 年 12 月 11 日出生于德国克劳斯特尔，德国细菌学家，病原细菌学的奠基人和开拓者。1866 年，毕业于格丁根大学，并获得医学博士学位。做过住院医师、外科医生。1883 年，他被任命为德国霍乱委员会主席，并前往埃及、印度等地，调查霍乱爆发、流行的情况，提出控制霍乱流行的科赫法则。1890 年，提出用结核菌素治疗结核病。

1882 年 3 月 24 日，在柏林生理协会会议上，罗伯特·科赫宣读了自己发现结核杆菌的论文，所有与会者没有批评和异议。这一天成了人类医学史上的重要里程碑。此后，他又发明了结核菌素，为危害人类健康的结核病的防治作出了宝贵的贡献。因对结核病研究，他荣获了 1905 年诺贝尔生理学或医学奖。

据统计，罗伯特·科赫在医学研究中，在诊治人和动物疾病等方面增添了近 50 种方法，被誉为“传染病的克星”。

这个“传染病的克星”头衔真是名副其实，且看他在细菌学研究方面创造的许多第一：

第一次发明了细菌照相法；

第一次发现了炭疽热的病原细菌——炭疽杆菌；

第一次证明了一种特定的微生物引起一种特定疾病的原因；

第一次分离出伤寒杆菌；

第一次发明了蒸汽杀菌法；

第一次分离出结核病细菌；

第一次发明了预防炭疽病的接种方法；

第一次发现了霍乱弧菌；

第一次提出了霍乱预防法；

第一次发现了鼠蚤传播鼠疫的秘密；

第一次发现了睡眠症是由采采蝇传播的。

位于柏林的罗伯特·科赫雕像

罗伯特·科赫不仅发现了许多病原体，而且许多细菌学研究的基本原则和技术都是他奠定的。其中最著名的就是科赫

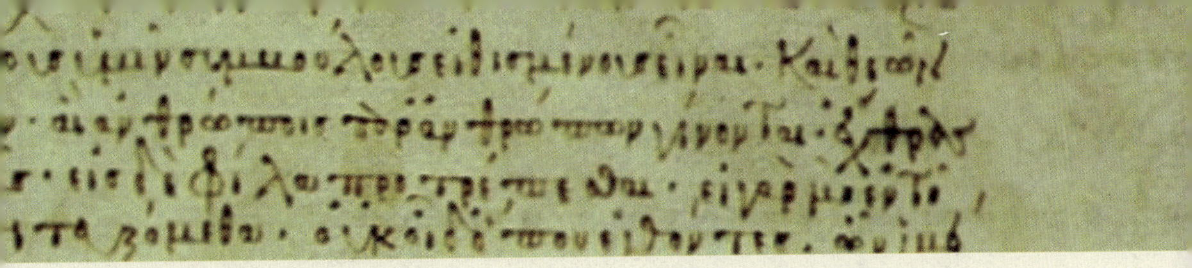

法则，它为病原微生物学系统研究方法的建立奠定了基础，使其成为一门独立的学科。不过，在现代科学研究中，科赫法则也存在诸多缺陷，但是其科学的研究思路对人们建立严谨的思考习惯依然具有积极的意义。

什么是科赫法则

科赫法则的定义：在患病的生物体内能够找到一种致病的微生物，这种微生物能够提取，并在接种到健康的同种动物体内时引起相同的病症，新染上疾病的动物体内，一定能提取出与先前接种的相同的微生物。

举个简单的例子，如果你在一片菜地里发现许多叶子被从叶片中间咬了圆洞，叶片上还有墨绿色的便粒，那就可以判定是菜青虫干的坏事。你翻开叶片来找，就一定会找到吃饱喝足后在叶片下面与同伙“侃大山”的大青虫。在旁边的菜叶下被发现也有可能。那么你把这几个大青虫捉了去，放到另一处没有遭到虫害的菜地里，它们便开始了“自由之旅”。过几天再来看，毫无悬念，这片菜地也会出现同样的病害特征——因为那些大青虫肚子饿了一样会蚕食这片菜地。那么，从这片菜地里把大青虫找出来也是很简单的事儿。

诺贝尔生理学或医学奖 1906 年		
获得者	卡米洛·高尔基	圣地亚哥·拉蒙—卡哈尔
国籍	意大利	西班牙
获奖原因	对神经系统构造的研究成果	

科学的争论

说起 1906 年诺贝尔生理学或医学奖，还得先从 19 世纪以来人们对神经细胞之间的关联性认识说起。当时社会上广泛流传着两种观点：

1.神经细胞之间是相互独立的；

2.神经细胞之间是相互融合的。

卡米洛·高尔基

对于第一种观点，有这样的疑惑：如果神经细胞之间是相互独立的，那么，细胞之间又是以何种形式传递信号的呢？持有这一观点者被认为是神经元理论的有力支持者。西班牙神经学家圣地亚哥·拉蒙—卡哈尔就是这一观点的代表人物。

对于第二种观点，当时社会普遍

接受：如果神经细胞之间是相互融合的，那么这将意味着整个神经系统是一个巨大的网络，神经细胞胞体只负责提供支持和营养，大脑将作为一个整体来实现它的功能。因此支持这一观点者也是神经系统网状理论的支持者。意大利医学家卡米洛·高尔基就是网状理论的有力支持者。

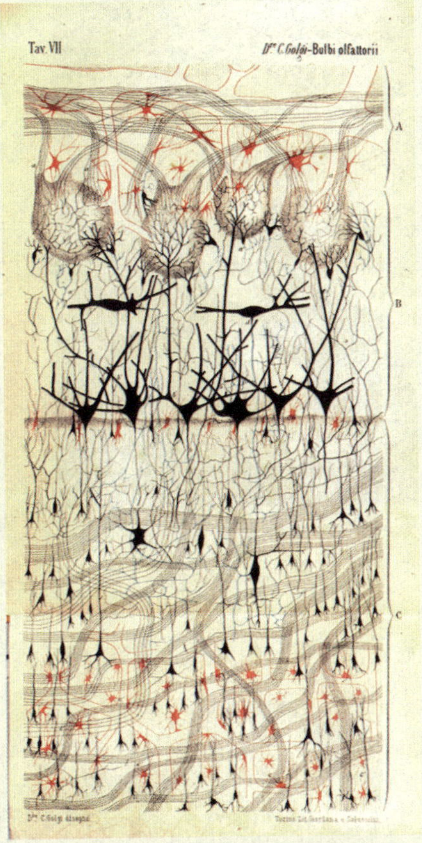

卡米洛·高尔基画的嗅球神经组织结构图

首先想弄清楚神经细胞之间关联性问题的是卡米洛·高尔基。

卡米洛·高尔基，1844 年 7 月 7 日出生于意大利利尔特诺。1865 年，于帕维亚大学毕业后，到圣马特奥医院当医生，并开始对神经系统疾病进行研究。1873 年，他用首创的染色法——高尔基染色

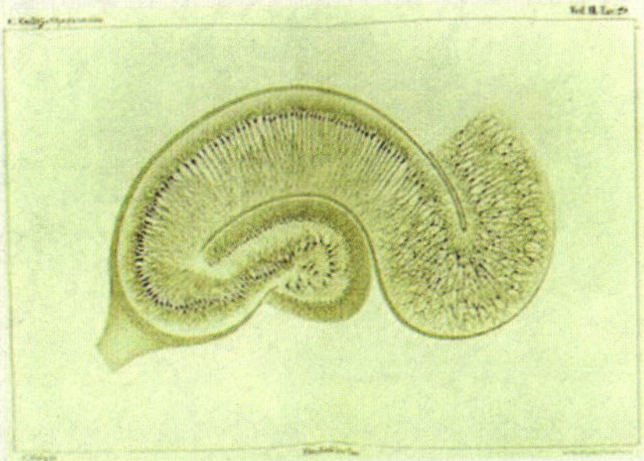
卡米洛·高尔基绘制的海马体

圣地亚哥·拉蒙—卡哈尔，1852年5月1日出生于西班牙阿拉贡自治区，西班牙病理学家、组织学家和神经学家。

法，对神经系统进行周密的研究和观察，发现了脑与脊髓的细微构造。但是，高尔基染色法的可靠性并不令人满意，于是他放弃了对神经组织学的继续研究。

而西班牙神经学家圣地亚哥·拉蒙—卡哈尔重新对高尔基染色法进行了深入研究，并极大地改善了高尔基染色法的可靠性。通过研究他得出：神经细胞之间是相互独立的。他的研究使

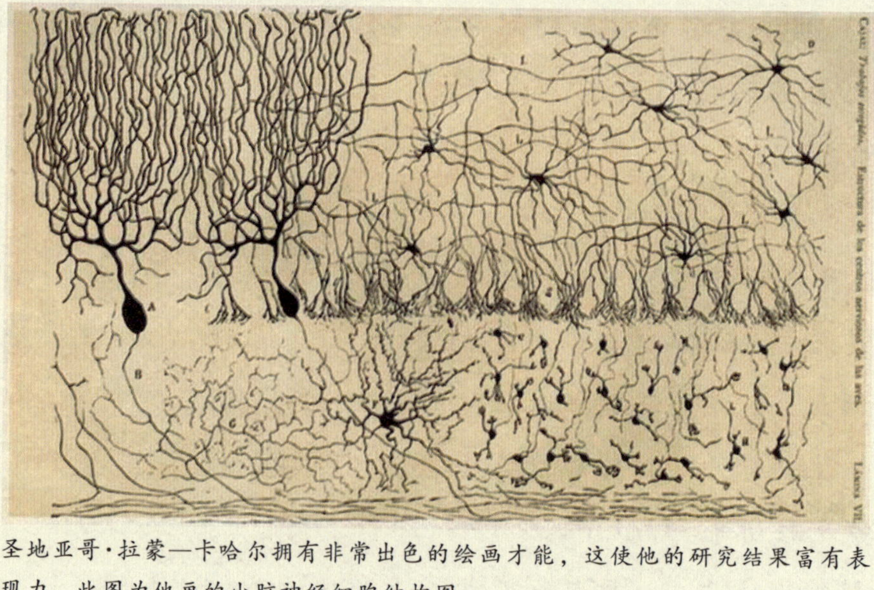

圣地亚哥·拉蒙—卡哈尔拥有非常出色的绘画才能，这使他的研究结果富有表现力。此图为他画的小脑神经细胞结构图。

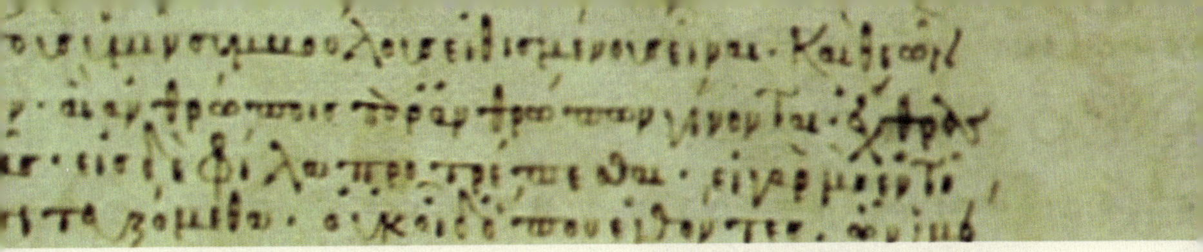

得神经元理论学说终于压倒了神经细胞网状理论派，他也因此被科学界誉为“现代神经科学之父”。

1906 年，卡米洛·高尔基和圣地亚哥·拉蒙—卡哈尔共同获得了当年的诺贝尔生理学或医学奖，两人还共同参加了颁奖仪式与演说。所不同的是：卡米洛·高尔基依然在演说中申明了自己的网状理论观点；而圣地亚哥·拉蒙—卡哈尔则再度阐述了自己的神经元理论。

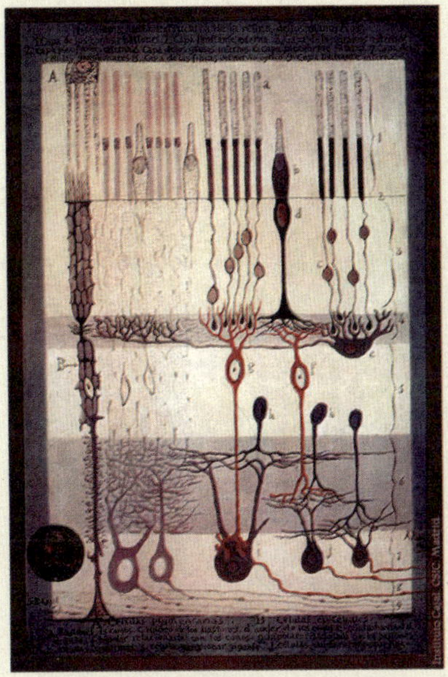

圣地亚哥·拉蒙—卡哈尔绘制的哺乳动物的视网膜结构

值得一提的是，虽然二人对神经细胞结构的认识不尽相同，但对现代神经学的开拓性意义依然是巨大的，并为此后的研究中枢神经系统奠定基础。

位于布尔戈斯大学的圣地亚哥·拉蒙—卡哈尔雕塑

科学研究就是这样，越是有争议，越是能够辨清科学真

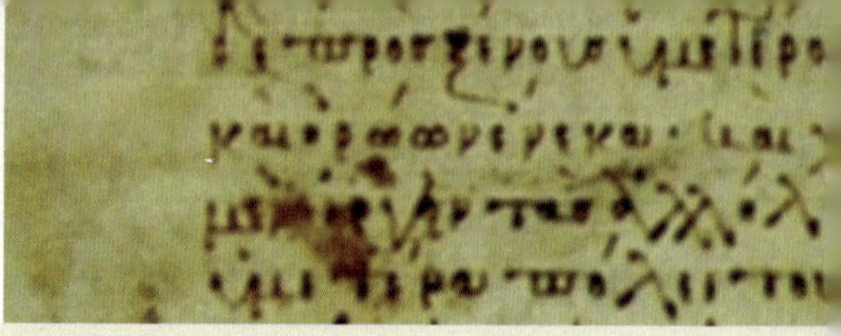

相，科学也就越能够得以长足发展与进步。

神经元理论的主张

1.神经元是中枢神经系统的生理单位，神经元是一个独立实体；

2.树突和轴突自神经细胞胞体伸展而出；神经细胞胞体负责支持与营养；

3.神经冲动的传导方向是自树突到胞体再到轴突，一般是单向的；

4.神经细胞之间存在生理不连续；神经冲动可以单向跨越这些不连续，并在神经元之间进行级联传导。

诺贝尔生理学或医学奖 1907 年	
获得者	查理·路易斯·阿方斯·拉韦朗
国籍	法国
获奖原因	发现了人体血液中能够引起疟疾的寄生虫，并因为这一项发现以及在昏睡病方面的突破

27 年的坚守

查理·路易斯·阿方斯·拉韦朗，1845 年 6 月 18 日出生于法国巴黎，内科医生和生物学家。他发现了人体血液中能够引起疟疾的寄生虫，并因为这一项发现以及在昏睡病方面的突破而获得了 1907 年的诺贝尔生理学或医学奖。

阿方斯·拉韦朗对疟疾的研究持续了 27 年，直到他去世。阿方斯·拉韦朗 1867 年毕业于斯特拉斯堡医学院，1870 进入军队作为一名军医服役。他参加了普法战争（1870—1871 年），在这期间他亲眼目睹了疾病肆虐于军队的可怕后果。受这段经历的影响，战争结束后，阿方斯·拉韦朗开始研究疟疾的起因。

查理·路易斯·阿方斯·拉韦朗

疟疾是一种特别危险的流行

查理·路易斯·阿方斯·拉韦朗军装照

性疾病，在热带和亚热带地区较为常见。1880 年 11 月，阿方斯·拉韦朗通过检查疟疾患者的血液样本，确定了血液中有一种叫做原生动物的单细胞生物是能够引起疟疾的寄生虫，这种原生动物被命名为疟原虫。

1884 年，阿方斯·拉韦朗发表了《发热疟疾的治疗》一文，文中以 480 份病例资料为基础，详细阐述了这种寄生虫在体内变化、增殖和侵袭的过程。

疟原虫的发现，使科学家寻找致病生物的范围明显扩大了。到了 1890 年，一系列致病原生动物被发现，其中以锥虫最为出名。在非洲、亚洲和南美洲，锥虫引起了多种动物疫病和人畜共患疾病。

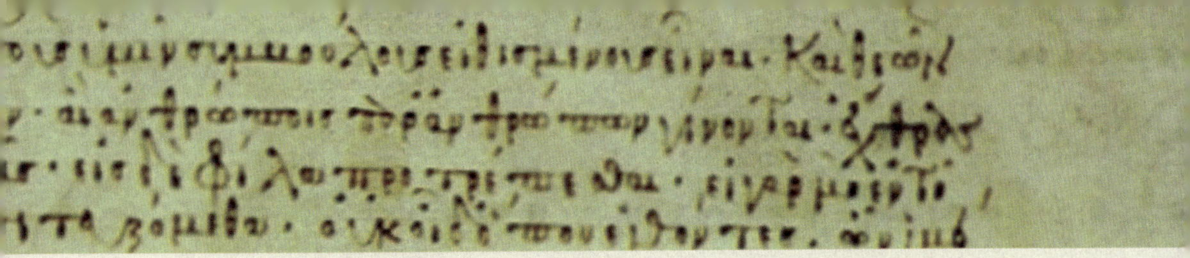

1901年，阿方斯·拉韦朗通过大量的观察，对锥虫在鼠、鱼类、鸟类和爬行动物体内的活动，一一进行记录和研究。他发现了造成非洲昏睡病的锥体虫，并对其进行了详细的描述。

他的研究工作开拓了人们对致病生物的认识，将细菌之外的单细胞寄生虫带进了人们的视野——寄生虫与细菌一样，都能够引起疾病。这一发现为科学研究领域打开了一扇新的大门。

非洲昏睡病

非洲昏睡病，又叫非洲人类锥虫病。该病是由一种叫锥虫的寄生虫感染造成的疾病，主要流行于非洲地区。所谓昏睡病，就是以过度睡眠为主要临床表现，该病可能引发各种并发症，并发症与疾病的病程进展有关，如发生心肌炎、影响生长发育等。

流行在热带非洲地区的昏睡病，通过采采蝇叮咬后传播，发病初期表现为淋巴结肿大、发烧和头痛，如不治疗，便会出现脑脊膜炎、脑膜炎、全脑炎，甚至昏迷或死亡。

诺贝尔生理学或医学奖 1908 年		
获得者	保罗·埃尔利希	伊拉·伊里奇·梅契尼科夫
国籍	德国	俄国
获奖原因	在免疫性研究上的工作	发现了“胞噬作用”

一度被废弃的学说

1854 年 3 月 14 日，保罗·埃尔利希出生于德国西里西亚的斯特雷伦(今波兰斯切林)。他毕业于莱比锡大学，并获医学博士学位，先后在柏林大学医学院、斯泰格利茨血清实验所、法兰克福实验治疗学研究所工作。他在血液学、免疫学与化学治疗等领域都有建树，比如发现嗜酸性粒细胞、发明结核菌的抗酸染色、鉴别了髓细胞性白血病的各种类型以及研制多种抗梅毒药物等。

保罗·埃尔利希

而令他获得诺贝尔奖的是：为说明抗毒素生成而提出的免疫理论——侧链学说。

1890 年，保罗·埃尔利希跟随埃米尔·阿道夫·冯·贝林（1901 年诺贝尔生理学或医学奖得主）从事

1900 年，保罗·埃尔利希在位于法兰克福的办公室。

免疫学的研究，并协助生产白喉抗毒素血清。当时，保罗·埃尔利希想从化学角度阐述了毒素—抗毒素反应的机理，并对这一问题进行了深入的研究。

1900 年，保罗·埃尔利希研究发现，细胞膜表面生存着各种摄取营养的受体(使细胞对外界刺激产生相应的效应的特殊蛋白质——免疫球蛋白)，他把受体比作“侧链”，这些“侧链”能与代谢产物、毒素等相结合，如果“侧链”与毒素结合过多，会导致细胞释放出一种游离受体，这种游离受体被称之为抗毒素。这一理论被他命名为侧链学说。

保罗·埃尔利希墓

后来，侧链学说被科学界否定了，一度被废弃。再后来，随着免疫学的发展，澳大利亚病毒学家、免疫学家弗兰克·麦克法兰·伯内特（1960年诺贝尔生理学或医学奖获得者）于1957年提出了选择学说，而选择学说可以看做是侧链学说的升级版。

随着科学的发展，选择学说也不能解释清楚所有的免疫现象，但是，它已经相对较好地解释了抗原识别、免疫耐受、自身免疫和同种移植排斥等现象。

追根溯源，侧链学说助推了免疫学的发展，一定程度上也为诊断、治疗和预防传染病提供了理论基础。

伊拉·伊里奇·梅契尼科夫，1845年5月16日出生于乌克兰，微生物学家与免疫学家，免疫系统研究的先驱者之一。因发现乳酸菌对人体的益处，被誉为“乳酸菌之父”。

1908年，因在免疫性研究上的工作，保罗·埃尔利希和伊拉·伊里奇·梅契尼科夫（他获奖的原因是发现了“胞噬作

用”，即白细胞能够吞没并摧毁有害的生物体，比如细菌）分享了当年的诺贝尔生理学或医学奖。

抗梅毒药物

保罗·埃尔利希研究发现，含砷化合物在对抗梅毒螺旋体方面非常有效。此后，他对几百个新合成的有机砷化合物进行了筛选，最后确定第“606”（学名胂凡钠明）个化合物具有抗梅毒活性。临床试验结果表明，“606”是第一种能有效治疗梅毒的药物。1912年，他又发现“914”（新胂凡钠明）。

“606”“914”具有很大的毒副作用，由于没有更好的替代药物，在一个时期内，只能使用这些药物治疗梅毒，直到20世纪40年代，青霉素被发现，有了更加安全有效的药物治疗梅毒，才取代了砷剂治疗梅毒的方法。

诺贝尔生理学或医学奖 1909 年	
获得者	埃米尔·特奥多尔·科赫尔
国籍	瑞士
获奖原因	对甲状腺的生理学、病理学以及外科学上的研究

甲状腺研究的先驱

1841 年 8 月 25 日，埃米尔·特奥多尔·科赫尔出生于瑞士伯尔尼，1869 年获得医学博士学位，1872 年即成为伯尔尼大学的外科学教授，并在这个职位上工作了 45 年。

埃米尔·特奥多尔·科赫尔在外科的不同领域都有着重要影响，一些以他的名字命名的医学名词至今仍在沿用。如对肩关节脱臼采用的 Kocher 氏复位手法，肠切除手术中经常用到的 Kocher 钳，腹部外科中探查胰腺时翻起十二指肠的 Kocher 手法，等等。除此之外，在战伤、骨髓炎、绞窄疝、椎体骨折、颅脑损伤和胆道及胃肠外科领域，埃米尔·特奥

埃米尔·特奥多尔·科赫尔

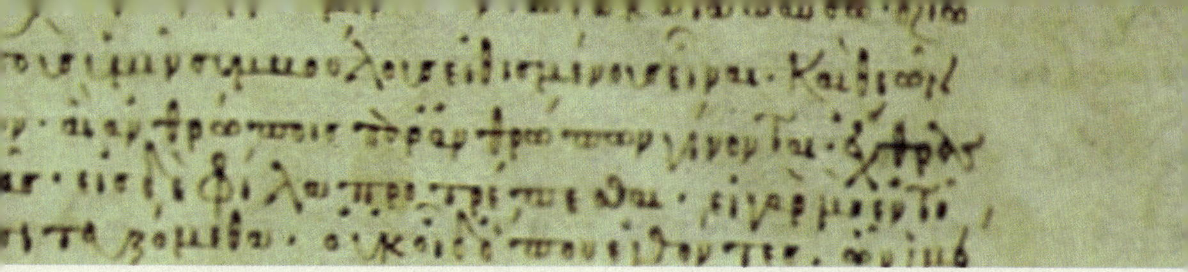

多尔·科赫尔都是毫无疑问的先驱者。

然而这些伟大的成就，并不足以完全彰显埃米尔·特奥多尔·科赫尔在医学上的建树。那么，他到底还有什么伟大的贡献呢？

让我们先回顾一段历史。19世纪中叶，甲状腺疾病（常见的“粗脖子病”即甲状腺疾病之一）在欧洲流行。当时，社会上还未广泛注意到甲状腺对人类肌体的重要作用，所以每当甲状腺发生病变，人们通常采取的办法就是简单地彻底切除它。然而严重的后果来了——因为医疗技术的局限，甲状腺切除术的死亡率高达40%；而幸免于甲状腺切除术的患者也会出现甲状腺功能减退、声音嘶哑、手足抽搐等

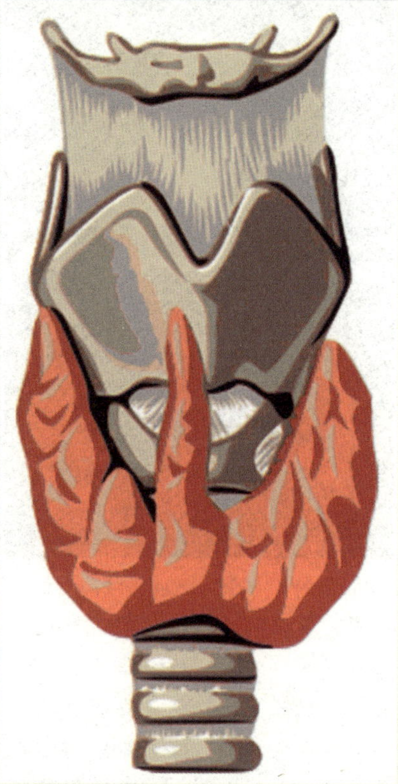

图中红色部分是甲状腺

甲状腺是人体内分泌系统的一个重要器官，是人体最大的内分泌腺，它的主要作用是在神经的刺激后分泌甲状腺激素，作用于人体相应器官而发挥生理效应。甲状腺激素是人体重要的生物活性物质，虽然它在血液中的含量很少，仅以微克来计量，但它对机体的代谢、生长发育、水电解质平衡，以及维持神经、心血管、消化、内分泌等系统功能具有极其重要的作用。

严重的并发症。

在这种背景下，埃米尔·特奥多尔·科赫尔和他的恩师比尔罗特率先为改进甲状腺手术技术深入地进行了研究，并取得了巨大的成功——1872年，埃米尔·特奥多尔·科赫尔第一次成功地做了甲状腺切除手术。这次手术的成功改变了这样一组数据：1883年，甲状腺手术死亡率从40%降至13%，1889年降至2.4%，1898年降至0.18%。在埃米尔·特奥多尔·科赫尔的一生里，他亲手为超过5000人做过甲状腺切除术，成果斐然。

比尔罗特（1829—1894年），出生于德国，著名的外科医学家，现代腹部外科的奠基人。他首创多种有效的器官切除术，包括过去一直被认为是禁区的某些器官。他于1872年最早完成食管切除术，1873年进行全喉切除术，1881年切除癌变的幽门，在医学界引起了极大的轰动。他创造的许多手术方式（如胃大部分切除的比尔罗特氏Ⅰ式、Ⅱ式）至今仍在应用。

因为对甲状腺的治疗、生理学与病理学以及外科学上的研究所取得的巨大成就，他获得了1909年诺贝尔生理学或医学奖。同时，埃米尔·特奥多尔·科赫尔也是第一位获得该奖项的外科临床医生。

他在《甲状腺疾病》一书中详细地介绍了甲状腺疾病的

病因、症状以及治疗方法等，为人们了解甲状腺的生理功能和病理机制作出了非常重要的贡献。

埃米尔·特奥多尔·科赫尔雕塑

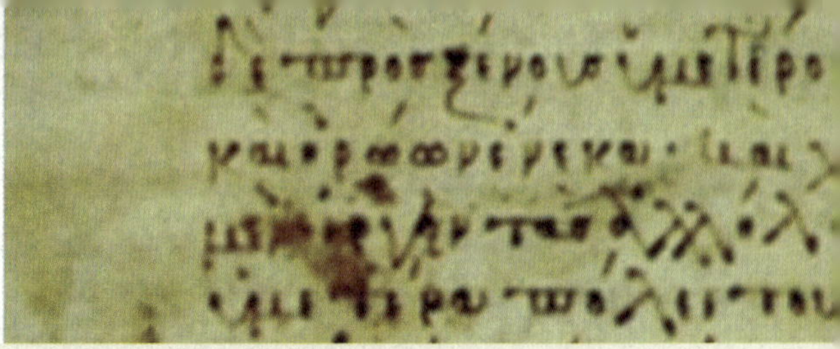

诺贝尔生理学或医学奖 1910 年	
获得者	阿尔布雷希特·科塞尔
国籍	德国
获奖原因	在蛋白质以及核酸方面的研究工作，为我们认识细胞化学作出了贡献

植物迷的生物化学情结

1853 年 9 月 16 日，阿尔布雷希特·科塞尔出生于德国瓦尔诺夫河畔罗斯托克城的一个商人家庭。年幼的阿尔布雷希特·科塞尔却热衷于与植物打交道，喜欢观察研究植物的生长、代谢，他的书架上陈列了许多他采集回来的植物标本。显然，阿尔布雷希特·科塞尔是一位天生的植物迷，他的理想是学习植物学。

阿尔布雷希特·科塞尔

然而，事与愿违，经商的父亲告诫阿尔布雷希特·科塞尔，学习植物学并没有什么出息。最终，他放弃了自己的理想，遵从了父亲认为“有前途”的学科——医学。

在斯特拉斯堡大学时期，阿尔布雷希特·科塞尔师从生物化学学科（生理学和化学的衍生学科）的先驱霍佩·塞勒（德国生物化学家）学习生物化学课程。

事情总是一波三折，阿尔布雷希特·科塞尔并未在斯特拉斯堡大学完成学业，中途他又回到家乡，在一所医学院学习，1877 年，他通过国家医学考试，并于次年获得医学博士学位。这时，阿尔布雷希特·科塞尔并未选择做医生，而是又回到了斯特拉斯堡大学，跟随霍佩·塞勒，开始研究生物化学。因为卓越的研究成果，他被誉为继恩师霍佩·塞勒之后，又一位生物化学学科先驱。

在这期间，他发现了核酸（核酸可分为 DNA 和 RNA。DNA 是储存、复制和传递遗传信息的主要物质基础；RNA 在蛋白质合成过程中起着重要作用）的构成成分。

至今，斯特拉斯堡大学已经产生 18 名诺贝尔奖得主，阿尔布雷希特·科塞尔是其中一位。

霍佩·塞勒（1825—1895 年），德国生化学家，生物化学学科创始人之一，他在 1875 年提出的蛋白分类系统至今仍在使用。

1900 年，阿尔布雷希特·科塞尔发表了基本氨基酸测定法——银钡法。在之后的很长一段时间里，银钡法一直是测定基本氨基酸的最佳方法。

阿尔布雷希特·科塞尔的研究工作为人们探索蛋白质的本质奠定了坚实的基础，并指明了道路。

1910 年，因在蛋白质以及核酸方面的研究工作，为我们认识细胞化学作出了贡献，阿尔布雷希特·科塞尔获得了当年的诺贝尔生理学或医学奖。

生物化学的概念

生物化学简单点来说可以理解为：就是弄清楚人和动物、植物体内都由哪些物质构成，这些物质有什么作用，它们之间又起着什么样的化学反应的这样一门学科。

概括起来，生物体是由一定的物质成分按严格的规律和方式组织而成的。人体含 55%～67%的水、15%～18%的蛋白质、10%～15%的脂类、3%～4%的无机盐及 1%～2%的糖类。除此之外，还有核酸及维生素、激素、氨基酸及其衍生物、肽、核苷酸等。

诺贝尔生理学或医学奖 1911 年	
获得者	阿尔瓦·古尔斯特兰德
国籍	瑞典
获奖原因	对眼睛屈光学研究上的工作

发明裂隙灯

视觉是我们感知外部世界、获取信息、观察事物的有效媒介之一。那么，眼睛是如何捕捉外界图像的，它的工作原理又是什么呢？

这个问题，一直没有人能回答清楚，直到 1850 年，德国物理学家、生理学家兼心理学家的赫尔曼·赫尔姆霍茨对眼球成像的原理进行了深入的研究与解释，并取得了一些成绩，他发明了检眼镜（一种来观测眼睛内部或检查视网膜的仪器）。但是，有关眼球成像的原理还有诸多问题有待解答。而瑞典眼科科学家阿尔瓦·古尔斯特兰德对眼球成像的原理又作了进一步的解答。

阿尔瓦·古尔斯特兰德

1862 年 6 月 5 日，阿尔瓦·古尔斯特兰德出生在瑞典兰斯克鲁纳的一个贫民窟里，他父亲是这个贫民窟的眼科大夫，在这一带享有很高的声望，深受周围人的敬重。阿尔瓦·古尔斯特兰德长大以后接过了父亲的接力棒，很自然地成为一名眼科专家。

1894年，阿尔瓦·古尔斯特兰德前往乌普萨拉大学任教，成为那里的首位眼科学（研究眼睛的解剖、功能和疾病的学科）教授，并继续从事几何光学和生理光学领域的研究。

赫尔曼·赫尔姆霍茨（1821—1894年），出生于德国柏林附近的波茨坦市，因病逝于德国柏林夏洛滕区，德国物理学家、生理学家兼心理学家，他在视觉、听觉、条件反射、心理学方面都有很大的建树和成果，并影响着其后相关学科的发展。

阿尔瓦·古尔斯特兰德借助赫尔曼·赫尔姆霍茨的检眼镜，对眼睛进行了更深层次的研究，他提出眼睛屈光成像的光学原理，并指出：眼睛自行调节以适应不同距离特有的视像的功能是晶状体表面曲率的变化和眼内纤维重新调整的结果。

阿尔瓦·古尔斯特

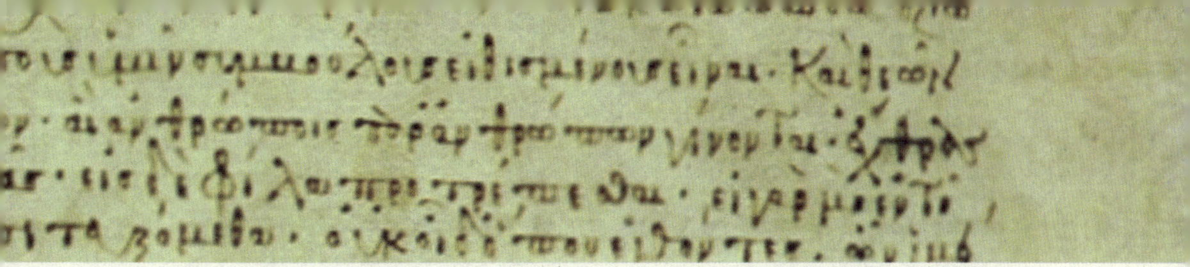

兰德在眼睛屈光理论的基础上，发明了令他闻名于世的裂隙灯。裂隙灯是一种带灯的显微镜，它由两部分组成，即裂隙灯和显微镜。其中，裂隙灯的作用是通过一条窄缝光源照射眼睛内部的结构，如眼睑、巩膜、结膜、虹膜、晶状体和角膜等，进而观察各部位的健康状况；显微镜的作用是

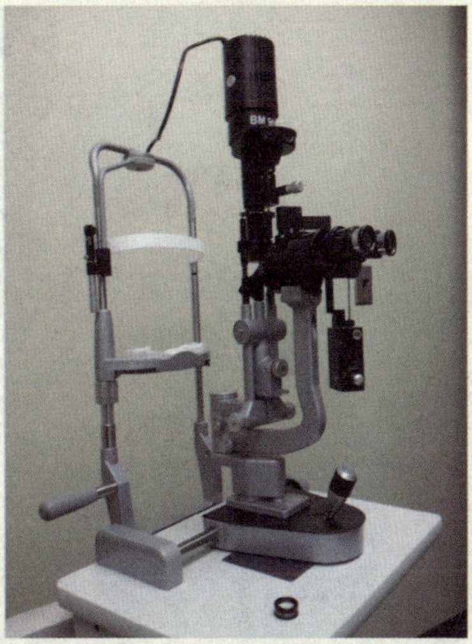

裂隙灯

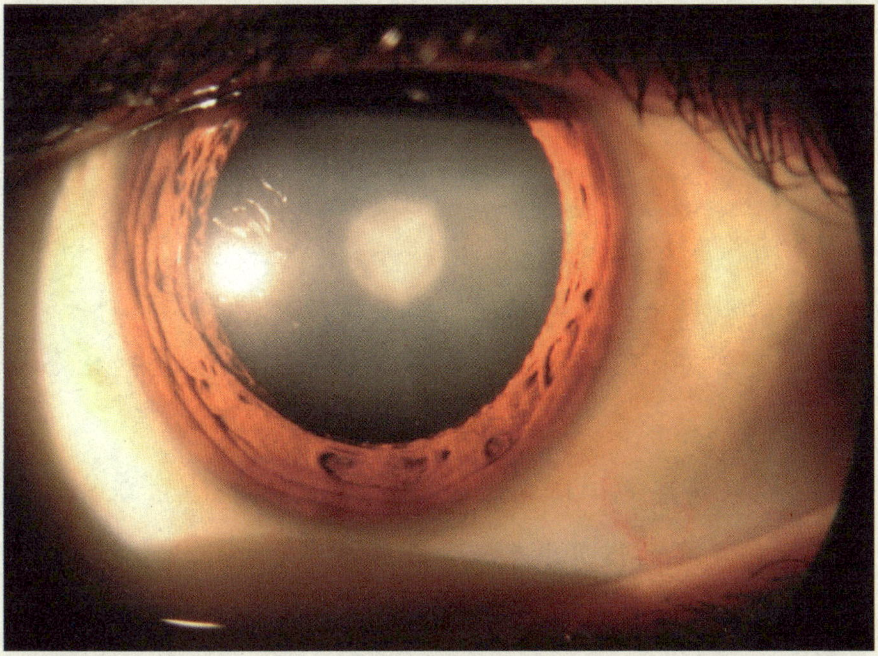

用裂隙灯检查后看到的白内障患者的眼睛放大视图

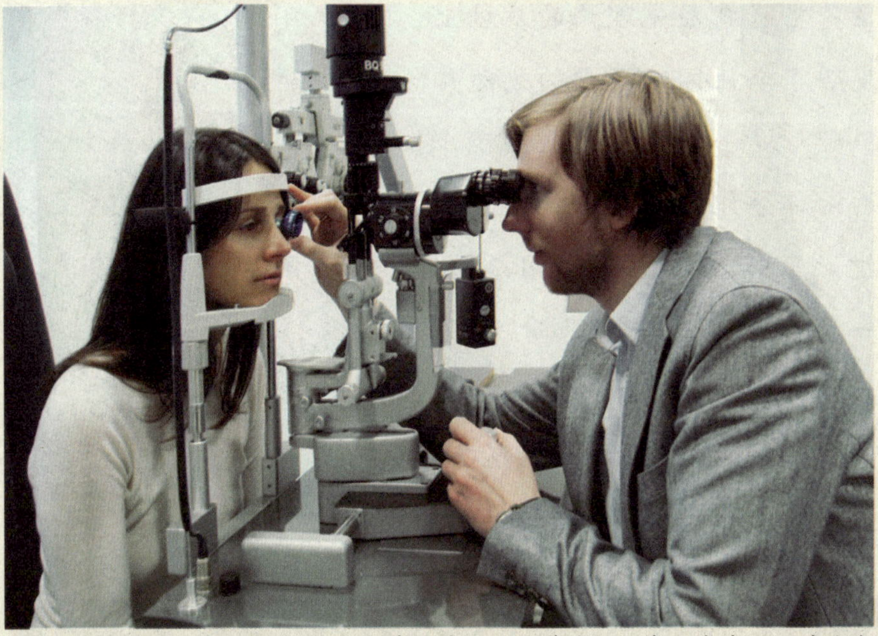
医生使用阿尔瓦·古尔斯特兰德发明的裂隙灯正在给患者做眼睛检查

把眼睛内部的立体结构视图高倍放大，便于医生检查，这种光学工具至今仍在使用。

除此之外，阿尔瓦·古尔斯特兰德还发明了一种白内障手术后使用的非球面透镜。非球面透镜不但用于眼科学，它在光学仪器、图像、光电子工业也得到了广泛的应用，比如数码相机、CD 播放器、高端显微仪器等。

因对眼睛屈光学研究上的工作，阿尔瓦·古尔斯特兰德获得了 1911 年的诺贝尔生理学或医学奖。

在他获得诺贝尔奖之前，还有一个小插曲：当年的诺贝尔评奖委员会中，物理学评委会和生理学或医学评委会都决定授予他奖项，而作为医生的阿尔瓦·古尔斯特兰德则选择了诺贝尔生理学或医学奖。

这其中的原因是：阿尔瓦·古尔斯特兰德研究的领域眼屈光学是几何光学的一个分支，授予他物理学奖也不为过。值得一提的是，1911—1929 年，古尔斯特兰德一直是物理学诺贝尔奖评委会成员，可见他在几何光学方面取得的成就是多么令人信服。

总之，这位获得了诺贝尔生理学或医学奖的伟大科学家，在物理学和生理学或医学方面都有伟大的贡献。

眼球成像的原理

眼睛之所以能看见周围的各种物体，一是外部世界有光，二是眼球内有可以成像的构造。

我们知道，眼球的构造包括角膜、虹膜、晶状体、视网膜四个部分。视网膜成像与凸透镜成像相似：晶状体就相当于一个可变焦距的凸透镜，视网膜则相当于可以接收图像的光屏。

视觉成像是物体的反射光通过晶状体折射成像于视网膜上，再由视觉神经感知传给大脑。这样，人就看到了物体。对于正常人的眼睛，当物体远离眼睛时，晶状体变薄；当物体靠近眼睛时，晶状体变厚。

近视眼是由于人的晶状体肿大，对光折射能力强，只能看得清近物；而远视眼则由于人的晶状体变薄，对光折射能力弱，只能看得清远物。

诺贝尔生理学或医学奖 1912 年	
获得者	亚历克西·卡雷尔
国籍	法国
获奖原因	对血管缝合和器官移植术的研究和贡献

“哪吒复活”在医学上的实现

我国明代伟大的神话小说《封神演义》中有一章写道：哪吒把龙王三太子敖丙杀死，龙王前来复仇，哪吒为了表示自己的作为与父母无关，便拆肉还母，拆骨还父。死后，其师父太乙真人把哪吒的魂魄借莲花为之而复活。怎么个复活法呢？即太乙真人取荷藕做他的骨骼，荷叶做他的肌肉，使哪吒起死回生。

莲花化身的哪吒

如此起死回生之法，未必合乎科学，但是，却给我们在科学上一个合理的想象和实现空间：如果不是起死回生，而是某个局部器官病变、坏掉，我们是不是移植个健康的器官就可以了呢？对，这就是我们现在已经不再陌生的器官移植。

而真正把神话传说变成现实的是法国科学家亚历克西·卡雷尔。

亚历克西·卡雷尔，1873 年 6 月 28 日出生于法国里昂，外科医生、生物学家与优生学家。

1912 年的亚历克西·卡雷尔

使亚历克西·卡雷尔走向学术研究之路的原因是发生于 1894 年的一起暗杀事件，时任法国总统玛利·弗朗索瓦·萨迪·卡诺在里昂博览会上遭遇刺杀，导致其腹部大静脉断裂，而当时的外科医生对这种大静脉断裂无法进行缝合手术，最终，总统因大量失血身亡。这起事件，给亚历克西·卡雷尔带来极大的触动，他决心开始从事血管缝合术的研究。

经过无数次的实验，亚历克西·卡雷尔终于在 1902 年成功地进行了人的血管缝合。该缝合术被称为“卡雷尔缝合法”，又称“三点缝合法”。三点缝合法不仅解决了器官移植中的供血问题，还可避免血管组织残留在血管腔内，形成新的血栓，这为器官移植奠定了坚实的基础，并促进了现代器官移植手术的飞速发展。直到今天，已经普及的血管缝合术还是得益于亚历克西·卡雷尔的三点缝合法。

在血管缝合术的基础上，亚历克西·卡雷尔把研究工作的重心转向器官移植术。

三点缝合法

在亚历克西·卡雷尔之前的时代，如果战士在战场上受了伤，主要动脉破裂，血流不止，战地救护人员只是用一根止血带进行止血。血虽止住了，但与此相关的部分肢体得不到血液的营养，很快会发生坏死（因为当时血管吻合技术很差，做得不好会导致伤口渗血，形成血栓，血管变得狭窄，血供应受阻，肢体最后会坏死）。

三点缝合法就是在需要吻合的两端血管横截面上取等边三角形的三个顶点作为固定，经过稍稍牵拉，就可以使吻合操作变成了对三个吻合平面的操作，从而把柔软的、有弹性的血管方便地固定起来。1902年，卡雷尔在自己的论文中详细介绍了这种新的血管吻合法，使得手术后血栓的发生率大幅度减少。

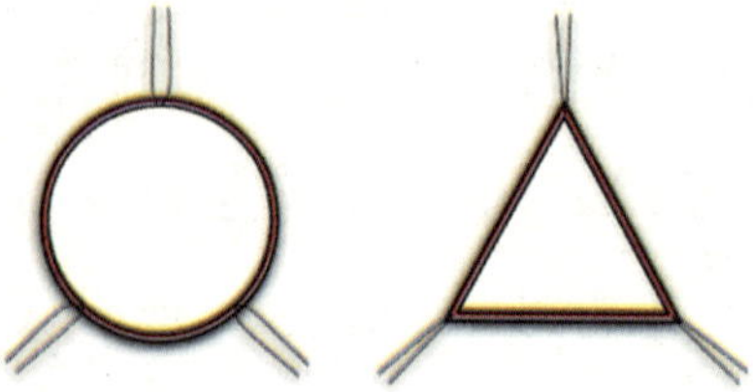

三点缝合法示意图

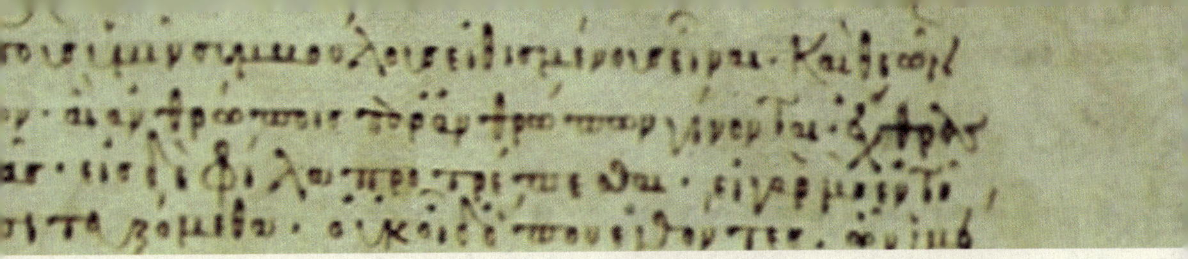

1905年，亚历克西·卡雷尔首先用动物做实验：他把一只小狗的心脏移植到大狗颈部的血管上，并首次在器官移植中缝合血管成功，结果小狗的心脏跳动了2小时。

最终，亚历克西·卡雷尔提出了人的任何脏器都可以移植的理论——人体中的任何器官都可以离开人体，在体外的装置中继续存活，需要时可以替换病人的坏死器官。

由于对血管缝合和器官移植术的研究和贡献，亚历克西·卡雷尔获得了1912年的诺贝尔生理学或医学奖。事实证明，亚历克西·卡雷尔在医学上这一划时代的贡献仍然在造福后人。

亚历克西·卡雷尔

1935年，亚历克西·卡雷尔登上《时代周刊》封面。

诺贝尔生理学或医学奖 1913 年	
获得者	夏尔·罗贝尔·里歇
国籍	法国
获奖原因	在过敏反应研究上的工作

过敏反应的发现者

1850 年 8 月 25 日，夏尔·罗贝尔·里歇出生于法国巴黎。他的父亲是巴黎著名的外科医学教授，受家庭熏陶之故，夏尔·罗贝尔·里歇于 1877 年获得巴黎大学医学博士学位，1878 年成为巴黎大学的生理学教授。

19 世纪，免疫学快速发展的同时，也相伴着一些负面问题，比如，在使用免疫接种或者血清疗法预防和治疗疾病时，接受免疫治疗的患者常常发生严重的不良反应。诸多科学家都在研究这一问题——诺贝尔生理学或医学奖获得者，德国科学家埃米尔·阿道夫·冯·贝林和罗伯特·科赫都先后对这一不良反应现象进行过研究。

夏尔·罗贝尔·里歇

而夏尔·罗贝尔·里歇对此进行了更深入的研究——1890 年，他在对狗注射黄鳝血清后，发现有严重的不良反应现象，并且当狗第二次或第三次接触黄鳝血清时，不良反应要比第一次更加剧烈。

对这一现象该怎么解释呢？夏尔·罗贝尔·里歇开始进行了如下实验：

1909 年的夏尔·罗贝尔·里歇(右)

第一步：给同一种类动物注射少量毒素；

第二步：2～3 周后，再次向这些动物注射同等剂量的同一种毒素，动物立即产生严重的不良反应。结果一些动物在几分钟内死亡，一些动物则在不良反应后，健康存活了下来。

1922 年的夏尔·罗贝尔·里歇

在此实验的基础上，夏尔·罗贝尔·里歇给未曾实验过的动物注射上述实验双倍毒素剂

量时，动物却没有发生不良反应。

根据上述实验结果，夏尔·罗贝尔·里歇得出结论：这些不良反应并非毒素的叠加累积所致，而是机体对毒素存在高敏感性。夏尔·罗贝尔·里歇称这种现象为“过敏反应”。

夏尔·罗贝尔·里歇经进一步研究发现：不同致敏物质在人体和动物体内所引起的过敏反应，其症状是相似的。1907年，他将过敏动物的血液注入正常动物，后者也出现过敏反

过敏反应

过敏反应是免疫反应的一种，医学称之为“超敏反应”或”变态反应”，通常分为四型。常见的有2000～3000种，医学文献记载接近2万种。最常见的速发型过敏反应又称为I型超敏反应，可造成人体平滑肌收缩、毛细血管扩张并通透性增加，腺体分泌增多，带来多种临床症状。过敏反应的特点是发作迅速、反应强烈、消退较快，一般不会破坏组织细胞，也不会引起组织损伤，有明显的遗传倾向和个体差异。最经典的例子就是青霉素过敏，严重者往往发生休克，抢救不及时则会危及生命。

上述反应如果发生在皮肤部位，会出现红肿、荨麻疹等；如果发生在消化道系统，则出现呕吐、腹痛、腹泻等。个别病情严重的，可因支气管痉挛、窒息或过敏性休克而死亡。

引起过敏反应的物质叫做过敏原，如花粉、室内尘土、鱼、虾、牛奶、蛋类、青霉素、磺胺、奎宁等。过敏的发生有一个条件，就是必须能够多次接触同种过敏原。

应。从而他认为，引起过敏反应的物质是一种血液中的化学物质。过敏反应的发现引起了医学界的极大重视，他对这个现象的研究使之成为免疫学中的一个重要分支。

因在过敏反应研究上的工作，夏尔·罗贝尔·里歇获得了1913年的诺贝尔生理学或医学奖。

诺贝尔生理学或医学奖 1914 年	
获得者	罗伯特·巴拉尼
国籍	奥地利
获奖原因	在内耳前庭器官的生理学与病理学研究上的工作

在耳科学上的贡献

罗伯特·巴拉尼，1876 年 4 月 22 日出生于奥地利维也纳。

童年本应该是一个人最幸福、最快乐的时光，然而不幸的是，奥地利著名耳科医生罗伯特·巴拉尼在童年时却患上了一种名叫骨结核的病。由于没有及时治疗，导致他的膝盖永久僵硬。但是，在父母温暖的、充满爱意的关怀下，他抛掉了自卑和烦恼，变得坚强而勇敢，并坚持做一些力所能及的运动，网球、登山等陪伴了他一生。

罗伯特·巴拉尼

没有被病痛击垮的罗伯特·巴拉尼立志投身于医学事业，成为一名救治病痛的医生。18 岁时，罗伯特·巴拉尼进入维也纳大学攻读医学，并于 1900 年获得医学学位。毕业后，他前往德国法兰克福，在一家内科实验室学习内科医学和神经学。一年后，回到维也纳，在维也纳大学医学院耳科诊所工作，他一边从事耳科研究，一边救治患有耳科疾病的病人。

维也纳大学的主体建筑。在该大学工作期间，罗伯特·巴拉尼完成了内耳前庭的生理学与病理学相关的研究工作。

此间，他救治了大量患有耳科疾病的病人，扎实的医疗技术实验基础，为他后来有关耳科的研究奠定了基础。

1903 年，在欧洲著名的耳科教授亚当·波利兹的指导下，罗伯特·巴拉尼开始有关前庭（内耳中维持平衡的器官）的课题研究。当时，已经有很多人注意到向耳内注射药物会引发患者眩晕甚至眼球震颤，但是并不清楚其中的机理。罗伯特·巴拉尼对此做了深入系统的研究。一次,他在给患者进行灌耳治疗时,发现一个现象:由于注射药物的温度不同,导致内耳半规管的淋巴液受热或遇冷并发生沉降,从而诱发眼球震颤。根据这一现象,他设计了一个前庭检查方法——冷热法。如果受检者的眼球能够随着耳朵里温度的改变而发生震颤,说明前庭功能完好,反之,则可能存在异常。经进一步研究,他发现前庭在旋转后会使人产生头晕现象,他将其称为“前庭反应”。此外,他还发现内耳前庭器与小脑有关等。

1905年,罗伯特·巴拉尼发表了题为《热眼球震颤的观察》的论文。1910—1912年间,他又发表了《半规管的生理学和病理学》和《前庭器的机能试验》两本著作。从此奠定了耳科生理学的基础。

罗伯特·巴拉尼获得诺贝尔奖时的新闻照片

随着内耳外科手术的进展,以及依据罗伯特·巴拉尼的理论,许多过去无法治疗的疾病得到了治愈。今天,在医学上探测前庭疾患的试验和检查小脑活动及其与平衡障碍有关的试验,都是以他名字命名的。

凭借着对前庭器官生理学和病理学的研究成果,罗伯特·巴

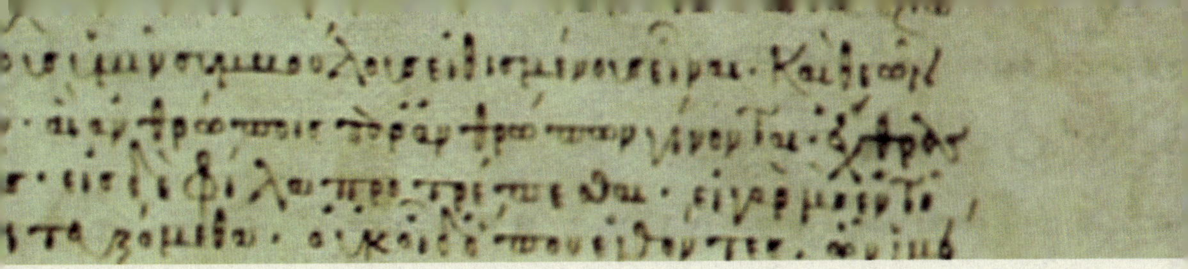

为什么身体旋转过快就会头晕

我们不妨先做个这样的实验：

选一块空旷的场地，然后左向或右向快速旋转，当你停下来的时候，会是什么感觉？是否会站立不稳、头晕目眩？这是怎么回事呢？

事实上，旋转感到头晕与人体的感受器官——内耳前庭器有关。

内耳前庭器是人体平衡感受器官，它包括三对半规管和前庭的椭圆囊和球囊。半规管内有壶腹嵴，椭圆囊球囊内有耳石器（又称囊斑），它们都是前庭末梢感受器，可感受各种特定运动状态的刺激。半规管感受角加（减）速度运动刺激，而椭圆囊、球囊的囊斑感受水平或垂直的直线加（减）速度的变化。当我们乘坐的交通工具发生旋转或转弯时（如汽车转弯，飞机做圆周运动），角加速度作用于两侧内耳相应的半规管，当一侧半规管壶腹内毛细胞受刺激弯曲形变产生正电位的同时，对侧毛细胞则弯曲形变产生相反的电位（负电），这些神经末梢的兴奋或抑制性电信号通过神经传向前庭中枢并感知此运动状态。同样，当乘坐工具发生直线加（减）速度变化，如汽车启动、加减速刹车、船舶晃动、电梯和飞机升降时，这些刺激使前庭椭圆囊和球囊的囊斑毛细胞产生形变放电，向中枢传递并感知。这些前庭电信号的产生、传递在一定限度和时间内不会使人们产生不良反应，但每个人对这些刺激的强度和时间的耐受性有一个限度，这个限度就是致晕阈值，如果刺激超过了这个限度，就会出现头晕目眩的症状。

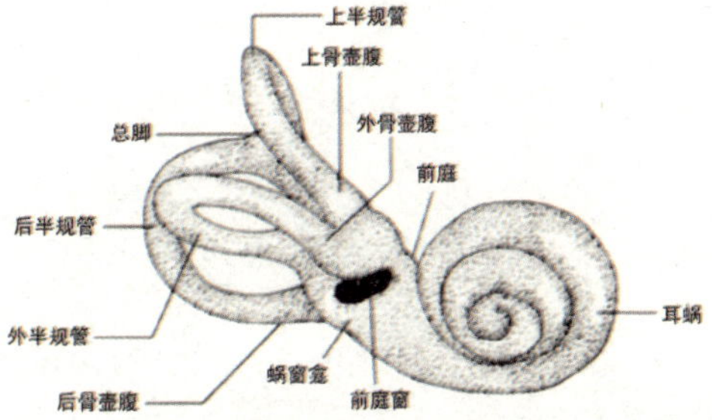

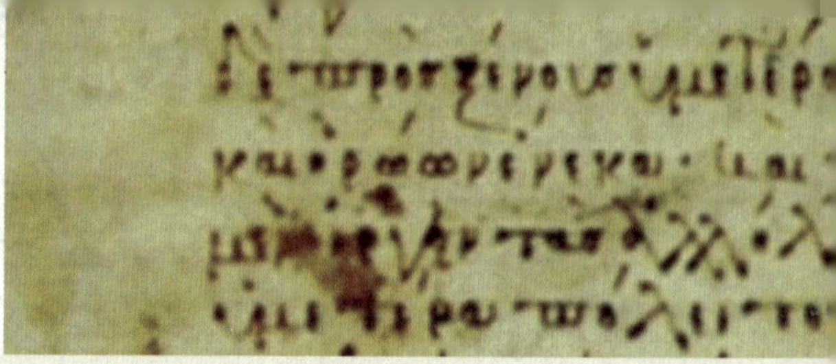

拉尼获得了1914年的诺贝尔生理学或医学奖。

这其中还有一件小插曲：第一次世界大战爆发后，作为同盟国奥地利的随军医生，罗伯特·巴拉尼不幸被俄军俘虏，关押在一处战俘营里。1915年，瑞典卡尔王子代表国际红十字会向俄军进行交涉，请求释放罗伯特·巴拉尼。

1916年，罗伯特·巴拉尼被释放。同年，这位被俘的科学家终于从瑞典国王的手中领取了该奖。

诺贝尔生理学或医学奖 1919 年	
获得者	朱尔·博尔代
国籍	比利时
获奖原因	在免疫性方面的发现

荣誉属于祖国的科学家

1870 年 6 月 13 日，朱尔·博尔代出生于比利时的苏瓦尼。1892 年，朱尔·博尔代获得布鲁塞尔大学的医学博士学位。1894 年，朱尔·博尔代来到法国巴黎，进入了巴黎著名的巴斯德研究所从事免疫研究工作。

1898 年，朱尔·博尔代研究发现，如果把血清加热到 55 摄氏度，虽然血清中的抗体还没有遭到破坏，但却不再具备消灭细菌的能力。朱尔·博尔代由此推断，血清中必定含有某种或某组极微量的成分，作为抗体的补体使其能够和细菌产生作用，他称其为防御素（即补体）。

朱尔·博尔代

朱尔·博尔代的重大发现吸引了世界的目光，也惊动了他的祖国比利时。比利时的政界、科学界都为他身居法国进行研究深为遗憾。他数度受邀回国讲学，也有心留在祖国，为祖国的医学进步作出自己的贡献。他说，自己的所有荣誉都属于他的祖国。

当时，比利时为了争取朱尔·博尔代回国，准备在国内建造一座与法国巴斯德研究所一模一样的研究所。后来为修建这座研究所，虽然比利时各方面都捐款了，但距所需经费仍差得远，加之法国得知比利时修建研究所所需的许多实验器材必须从法国购置，他们就故意抬高售价。比利时国会最后决定把一笔指定建造驱逐舰的专款，全部用来填补建造研究所和向法国购置器材的费用。

朱尔·博尔代坟墓

朱尔·博尔代知道这些后，便毅然决定回国。

1901 年，朱尔·博尔代终于回到了祖国，并在布鲁塞尔创建了一个狂犬病防治和细菌学研究所(1903 年更名为布拉邦特巴斯德研究所)，在这个研究所里继续着他的免疫研究工作。

1901 年，朱尔·博尔代研究免疫问题时发现抗体有与特异性抗原结合的能力，抗原、抗体结合的机制是吸附作用。抗原—抗体结合物能吸附补体，使血清中的补体固定，因此往这种血清中加入红细胞和它的抗体——溶血素后，血清不再能使红细胞溶解，这为许多传染病，如伤寒、结核、梅毒等的血

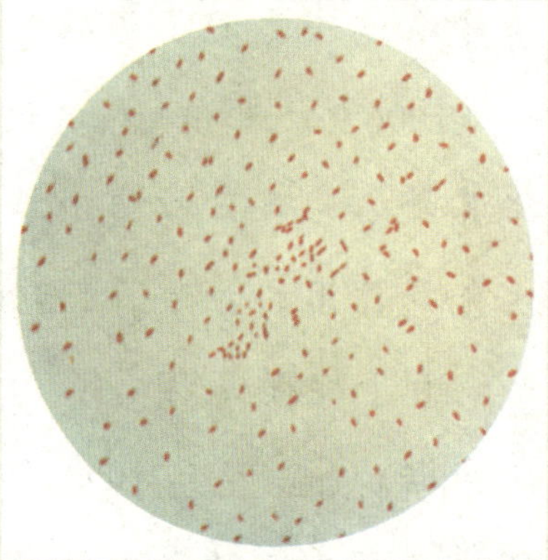

图为百日咳杆菌。该菌为卵圆形短小杆菌，无鞭毛和芽孢。

抗体与补体

比如接种乙肝疫苗、脊髓灰质炎疫苗、百白破疫苗等，就是为了使人体产生抗体。有了抗体，意味着人体对某种特定病毒产生了免疫力。

抗体其实是体液免疫，因为某些病原微生物会产生很厉害的毒素，而免疫血清中则含有能够“中和”这些毒素的物质，名为“抗毒素”。除抗毒素(抗体)外，免疫血清中还含有一种不耐热的有效成分，存在于正常的动物体内，且不随着免疫过程而增长。人们将这种物质命名为“补体”，意为“补充抗体发挥溶细胞作用的物质”。补体与抗体类似，是一大组具有酶活性的蛋白质，它们相互联系，共同发挥杀灭靶细胞(某种细胞成为另外的细胞或抗体的攻击目标时，前者就叫后者的靶细胞。例如带有表面抗原的细胞受到免疫细胞或特异性抗体的攻击，它就是免疫细胞或特异性抗体的靶细胞；又如免疫细胞受到某种抗原的攻击，它就是该抗原的靶细胞)的作用。

清诊断方法奠定了基础。

1906 年，朱尔·博尔代和同事共同发现了百日咳杆菌，并将其命名为百日咳博德特氏菌。他还研究出一种对这种病发生免疫作用的方法，此后又研制出抗白喉病菌苗。

由于战争原因，自 1915 年起，诺贝尔评奖委员会连续 4 年中断评选，直到 1920 年，朱尔·博尔代才被提名为 1919 年的诺贝尔生理学或医学奖的候选人，并最终获得该奖项。

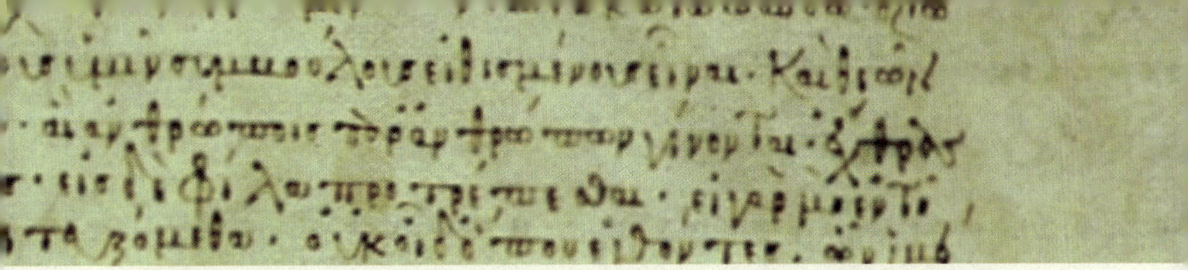

诺贝尔生理学或医学奖 1920 年	
获 得 者	奥古斯特·克罗
国 籍	丹麦
获奖原因	发现毛细血管运动的调节机理

“我不想以后的人生失去动物学”

1874 年 11 月 15 日，奥古斯特·克罗出生于丹麦日德兰半岛。起初，奥古斯特·克罗在哥本哈根大学学习医学，由于他自幼便对动物感兴趣，转而攻读动物学。后来他自己曾说过：“当我说‘没了动物学我就不能活’时，这的确只是夸张；当我说‘我不想以后的人生失去动物学’，这是真的。你也许认为我是疯了或者过于倔强，因为，有时候我也这么觉得。”

显然，奥古斯特·克罗的选择是正确的，正是通过对动物的研究与观察，使得他发现了毛细血管在运动时所起到的调节作用。他关于毛细血管调节机理的理论，详细地记录在他所著的《毛细血管的解剖与生理》一书中。该书不但详细阐述了毛细血管代谢调节的生理学知识，还为预防和诊治由毛细血管引发的相关疾病提供了理

奥古斯特·克罗

论基础。

1920年，因为发现毛细血管运动的调节机理，奥古斯特·克罗获得了诺贝尔生理学或医学奖。

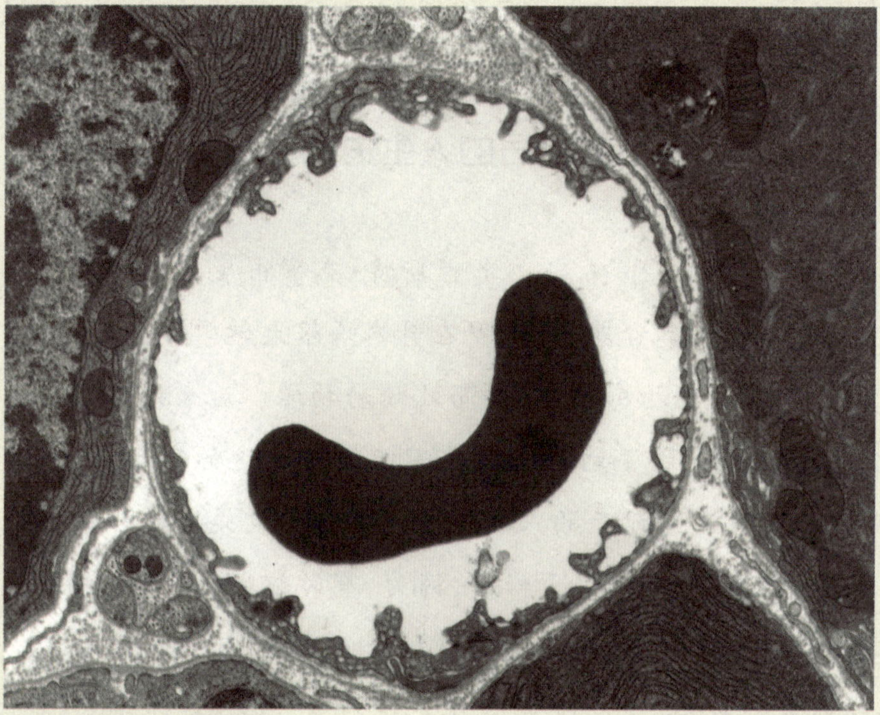

胰腺组织中毛细血管的透射电镜图像

毛细血管的微观世界

毛细血管是连于动、静脉末梢的细小动脉，管径8~10微米。如果你对此没有什么概念，那么我们就来对比一下：人类的头发直径约为80微米，毛细血管仅为其十分之一。

毛细血管相互吻合成网，是管径最细、分布最广的血管，除软骨、角膜、晶状体、毛发、被覆上皮和牙釉质等处外，遍布于全身各处。在代谢较旺盛的器官（如心、肝、肾等）毛细血管网较为稠密，而于代谢较低的器官（如肌腱、平滑肌等）则较为稀疏。毛细血管壁很薄，内壁也相当薄，约 1 微米，大约是一张纸 1/100 的厚度，主要由一层内皮细胞构成，通透性较大，有利于血液与组织、细胞之间进行物质交换。

据研究，全身的毛细血管如果单根排列，它的总长度达到 15 万千米，可绕地球赤道 4 圈，但是平时大约只有 1/3 开放。在应对身体的需求方面潜力很大，因为大部分毛细血管是作为储备力量“备战备荒”的。全身的血液在血管里流动 24 小时的总里程为 26.4 万千米，比长江、黄河相加的总长度多 20 倍。

小动脉与毛细血管相连。一个体重 60 千克的人，全身毛细血管内壁的表面积合起来约 6000 平方米。几乎和毛细血管的管径红细胞的大小相当，但由于红细胞非常柔软，容易改变形状，因此仍然可以通过。

人体是一个复杂而又奇妙的“大型工厂”，五脏六腑等各种器官日日夜夜都“血肉相连”，并且不断进行着制造和接收养分、收集和排泄废物的庞大的新陈代谢工程，处处都有毛细血管忙忙碌碌积极参与的身影。

因为毛细血管的微循环参与组织细胞和新陈代谢的物质交换过程，靠的就是细动脉和细静脉之间的血液循环传输，它直接给细胞供血、供氧、供给能量及有关营养物质，同时将对人体有害的代谢产物，如肌酸、乳酸、二氧化碳等带出去。

微循环是人体新陈代谢的场所，是人体的内环境，是生命的最基本保证，人体的任何器官、任何部分，包括心脏在内都必须要有一个正常的健康的微循环，否则就会出现相应器官的病变。

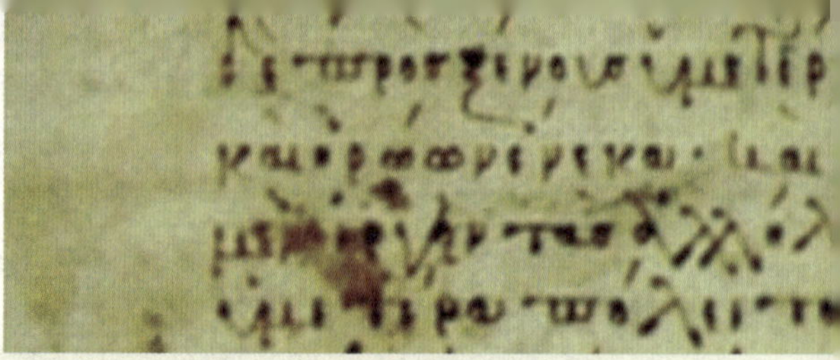

诺贝尔生理学或医学奖 1922 年		
获得者	阿奇博尔德·维维安·希尔	奥托·弗利兹·迈尔霍夫
国籍	英国	德国
获奖原因	在肌肉产生热量上的发现	发现肌肉中氧的消耗和乳酸代谢之间的固定关系

诺贝尔奖的科学佳话

说是巧合也好，说是心有灵犀也罢，在世界科学史上就有这么一桩令人惊奇而巧合的科学佳话。

1921 年的诺贝尔生理学或医学奖没有合适的候选人，当年的诺贝尔生理学或医学奖便被空置了起来。

1922 年，却有两人同时获得了该奖项，那就是英国生理学家阿奇博尔德·维维安·希尔和德国生物化学家奥托·弗利兹·迈尔霍夫。

阿奇博尔德·维维安·希尔

说两人共同缔造了一个诺贝尔科学奖上的佳话，源于两人本不在一个研究团队，也未曾在科学研究上交流沟通过，而两人的研究方向以及取得的成果却都指向一个方向，就是“肌肉运动的能量转换”

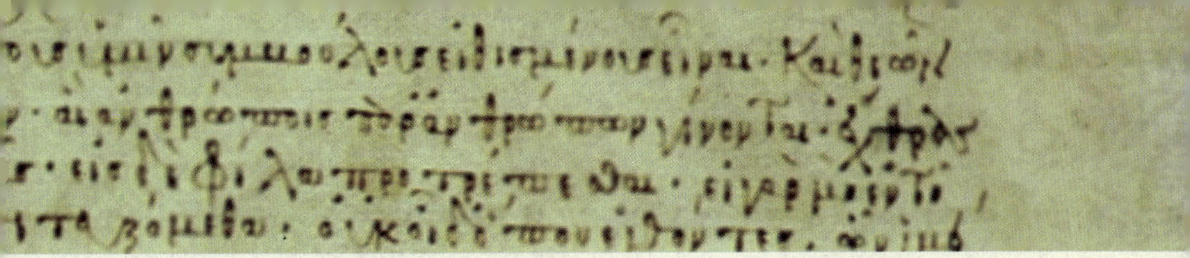

课题。

1886年9月26日，阿奇博尔德·维维安·希尔出生于英格兰的布里斯托尔，毕业于剑桥大学三一学院。他曾经是数学系的高材生，后转攻生理学。阿奇博尔德·维维安·希尔对神经的物理特性作了细致的研究，被认为是生物物理学的创始人之一。

当时，科学界已经发现肌肉在收缩时能够产生热量，那么从研究肌肉产热规律的角度入手，也许就能发现肌肉收缩

肌肉劳累时为什么会发酸

人体肌肉在经过反复刺激或者劳累后会变酸和变得僵硬，如在走了一段长长的路程后，我们的腿部肌肉会绷得紧紧的，又酸又胀。后来人们发现，这种令肌肉变酸的物质是乳酸。

阿奇博尔德·维维安·希尔和奥托·弗利兹·迈尔霍夫两位科学家向我们证实了乳酸是肌肉运动、代谢活动中一种参与化合反应的重要化学物质。其实在他们之前，已经有科学家发现人体肌肉不仅能够产生乳酸，还能转化乳酸。转化乳酸需要氧分子的积极参与，也就是说肌肉中必须有足够的氧才行。

在肌肉恢复期，大部分乳酸并未被燃烧掉，而是转化为碳水化合物储存了起来。转化与燃烧的比例大约为3∶1。在缺氧的条件下，反复收缩的肌肉会不断蓄积乳酸，肌肉进入疲劳状态，人就会感到肌肉发酸。

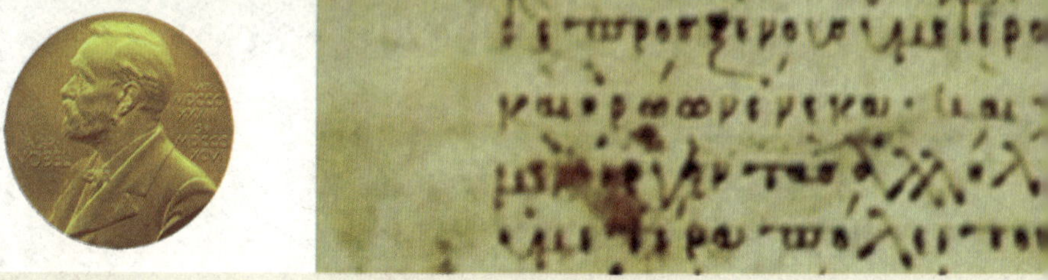

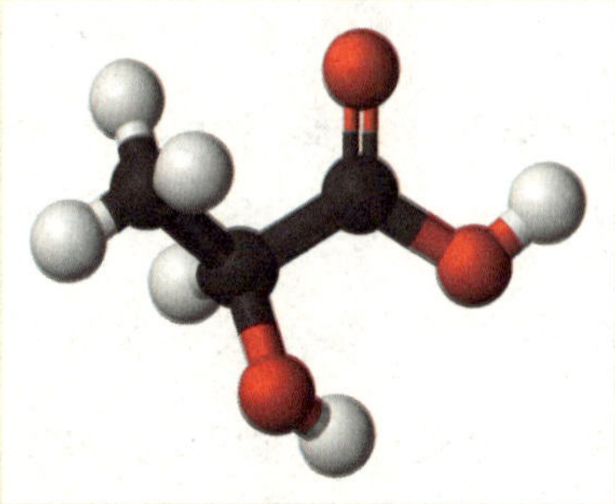

乳酸结构图

的深层机理。

1910年，阿奇博尔德·维维安·希尔通过物理学的方法，用实验器材检测肌肉产热的规律时发现，肌肉产热量随着时间推移有着相应变化，并分别测定了肌肉在收缩或舒张状态下的产热情况。阿奇博尔德·维维安·希尔据此推断：在肌肉的代谢活动中，参与物质化合反应的乳酸消耗量大，而肌肉中合成乳酸及乳酸的转化和燃烧则需要氧气的参与。

奥托·弗利兹·迈尔霍夫是犹太人，第二次世界大战前夕，由于纳粹党的对犹太人的迫害，他先迁居法国巴黎，最后流亡到美国，于1951年病逝于费城。

阿奇博尔德·维维安·希尔的推断，被德国生物化学家奥托·弗利兹·迈尔霍夫验证了。

1884年4月12日，奥托·弗利兹·迈尔霍夫出生于德国汉诺威的一个犹太家庭，大学就读于斯特拉斯堡大学与海德堡大学，毕业后进入基尔大学任教。

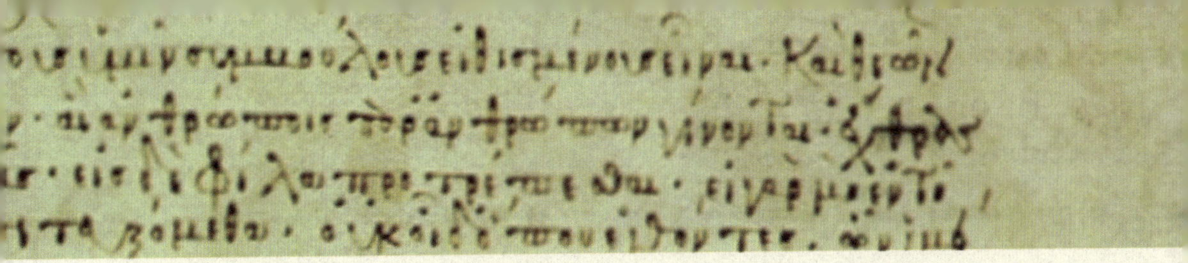

1918年，奥托·弗利兹·迈尔霍夫在研究组织的呼吸作用时将重点转向了肌肉组织的氧化代谢。他研究发现了肌肉中氧的消耗和乳酸代谢之间的固定关系，并阐明了肌肉收缩过程中糖原和乳酸的循环性转变。至此，关于肌肉运动的能量转换的深层机理被发现了。

他们的研究，不但使得人们对这些肌肉运动过程的有了科学认识，还对近代生物化学的发展产生了深远的影响。

1922年，阿奇博尔德·维维安·希尔因在肌肉产生热量上的发现，与因发现肌肉中氧的消耗和乳酸代谢之间的固定关系的奥托·弗利兹·迈尔霍夫分享了当年的诺贝尔生理学或医学奖。

诺贝尔生理学或医学奖 1923 年		
获得者	弗雷德里克·格兰特·班廷	约翰·麦克劳德
国籍	加拿大	英国
获奖原因	发现胰岛素	

胰岛素之父

糖尿病是一种古老而又普遍的疾病，3000 多年的时间里，世界各地的人们都在试图用他们各自的语言描述糖尿病。同时，它又如此普遍：据统计，在亚洲，40 岁以上的人群中，患糖尿病的几率达到 10%。如今，全世界有超过 3 亿的糖尿病患者。

1923 年胰岛素问世并进入临床使用以前，患了糖尿病几乎就等同于死亡，糖尿病患者平均生存时间仅为 4.9 年。当时对于糖尿病患者，医生们唯一能做的就是减少患者的进食，期盼这能使血糖的产生减少。这种饥饿疗法确实减少了患者昏迷的次数，挽救了一些患者的生命，但这些被延缓了死亡的患者只能在无望的生活中聆听着死神的脚步声

弗雷德里克·格兰特·班廷

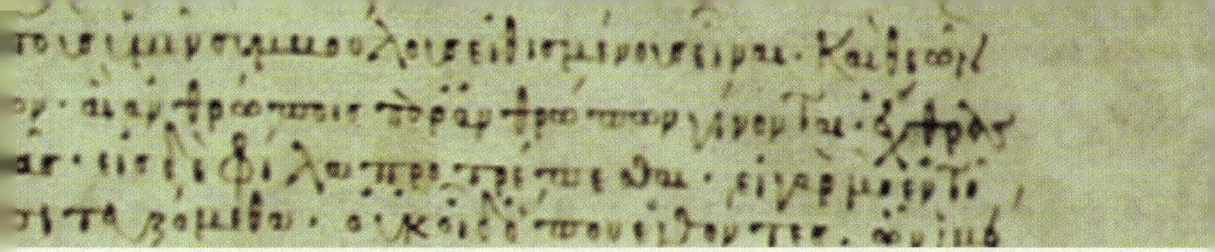

越来越近……

科学界一直在寻找糖尿病的发病机理以及与胰岛相关的科学问题。

1868年，著名的病理学家和生物学家保罗·兰格尔翰斯在对人皮肤样本进行染色时发现并识别出胰脏周围的岛状细胞团(即胰岛)。1869年，保罗·兰格尔翰斯在柏林病理研究所期间，在其博士论文里详细描述了这种岛状细胞团，并推

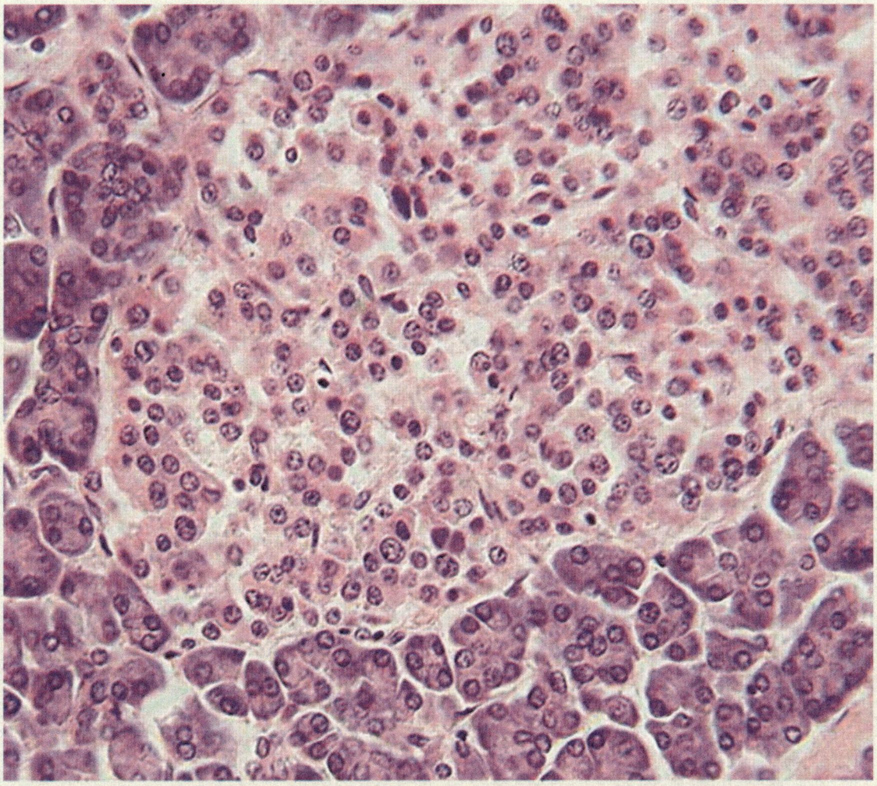

胰脏横切面，中间颜色较淡的部位是胰岛，岛状细胞团分泌的就是胰岛素。

测说，这些组织不同的岛状细胞团可能是分泌激素的。

但是这一发现并没有被重视。

1888 年，俄国科学家伊凡·彼得洛维奇·巴甫洛夫对消化生理进行研究时，发现了食物与消化液之间的关系，从而确认了胰脏分泌物的消化功能。

1889 年，德国科学家奥斯卡·闵可夫斯基和约瑟夫·弗雷德里希·冯·梅林发现切除胰腺的狗出现糖尿病，并最早提出胰腺与糖尿病的发病有关。

事情至此应该有个眉目了，但是科学界却一直无法找出治疗糖尿病的有效方法。

直到 1921 年，加拿大科学家弗雷德里克·格兰特·班廷和

胰岛素的功能与作用

在人体十二指肠旁边，有一条长形的器官，叫做胰腺。在胰腺中散布着许许多多的细胞群，叫做胰岛。胰腺中胰岛总数有 100～200 万个。

胰岛素是支配动物体内细胞吸收葡萄糖的重要蛋白质类激素，葡萄糖是许多细胞的主要营养成分。胰岛素不足的时候细胞就得挨饿，就像快要饿死的人守着丰盛的宴席却吃不到肚子里。同时，消化食物产生的葡萄糖因无法被吸收，只好堆积在血液里，并从肾脏中溢出，形成糖尿病。

胰岛素主要作用在肝脏、肌肉及脂肪组织，控制着蛋白质、糖、脂肪三大营养物质的代谢和贮存，是调控体内营养平衡的关键物质。

1924 年，弗雷德里克·格兰特·班廷（右）和查理斯·赫伯特·贝斯特合影。

他的学生兼助手查理斯·赫伯特·贝斯特在研究糖尿病时，首次发现胰岛素可以治愈糖尿病，并首次给一只患有糖尿病的狗注射胰岛素，这条接受胰岛素注射的狗被治愈了。

1922 年，商业化胰岛素问世，许多糖尿病患者终于看到了希望的曙光。

1923 年，弗雷德里克·格兰特·班廷和约翰·麦克劳德（后来，根据资料显示，约翰·麦克劳德完全没有参加任何有关胰岛素的实验，他只是实验机构的负责人，全部研究工作由弗

雷德里克·格兰特·班廷和查理斯·赫伯特·贝斯特完成)共同获得了诺贝尔生理学或医学奖。而弗雷德里克·格兰特·班廷将自己的诺贝尔奖金分出一半给了他的得力助手查理斯·赫伯特·贝斯特。

1941年，弗雷德里克·格兰特·班廷乘坐飞机前往英国，结果该架飞机失事，弗雷德里克·格兰特·班廷不幸罹难，时年49岁。

1992年，世界糖尿病联盟为了纪念这位医学史、糖尿病学史上的伟大科学家，决定将弗雷德里克·格兰特·班廷的生日11月14日作为每年的世界糖尿病日。他也被人们称为“胰岛素之父”。

诺贝尔生理学或医学奖 1924 年	
获得者	威廉·埃因托芬
国籍	荷兰
获奖原因	发明心电图装置

心电图机的发明者

大家都知道，心电图机是当今最普及、最安全可靠以及无创伤性了解心脏功能、疾患的医用电子仪器。那么，你知道首先运用电子技术来记录心脏跳动的创始人是谁吗？他就是荷兰的生理学家威廉·埃因托芬。

1860 年 5 月 21 日，威廉·埃因托芬出生于爪哇（今印度尼西亚）。父亲去世后，他在 10 岁时随母亲回到荷兰，定居于乌德勒支。18 岁时威廉·埃因托芬进入乌德勒支大学学习医学，25 岁时获得医学学位，26 岁即成为莱顿大学的生理学教授，堪称科学界耀眼的明星人物。

威廉·埃因托芬

1903 年以前，科学家们已经发现生理活动时伴随着电流，但是当时的科学界并不能捕捉到生理活动时产生的微弱电流。而威廉·埃因托芬改变了这一切。

1903年，威廉·埃因托芬在前人实验的基础上，设计出第一台心电图机，并投入使用。他研究出正常心电图的变动范围，同时提出“埃因托芬三角”理论，使得心电图机成为20世纪临床诊断和监测的重要技术手段。他也因发明了世界上最早的心电图与量测装置而获得了1924年的诺贝尔生理学或医学奖。

今天，心电图测量仪器已经不再使用威廉·埃因托芬所发

威廉·埃因托芬1903年发明的心电图机。这台心电图机看上去比较笨重，而且它的电磁铁还需要用水冷却，但是它在20世纪却很实用。

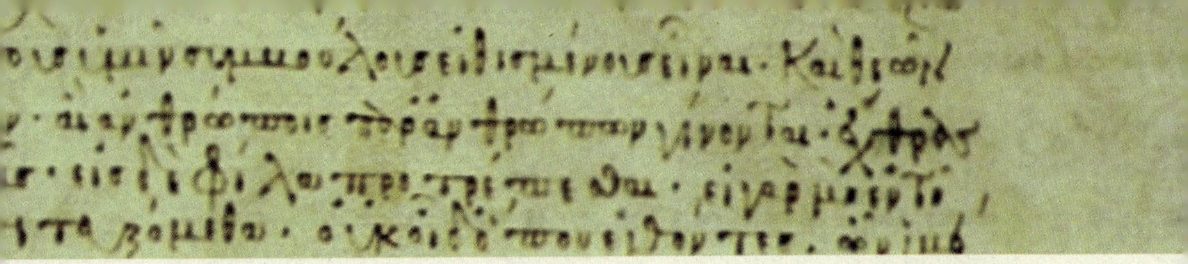

明的装置，但是人们仍然继续使用他所发明的心电图解读与分析方式，来诊断人体的疾患。诚如他自己所言："我们应当努力去更好地了解心脏工作的细节以及造成多种心脏异常的病因，只有基于明确的认识和精进的知识，才能使我们有可能在仍然遥远的将来解除患者所忍受的痛苦。"这正是威廉·埃因托芬的伟大贡献。

医院里为什么常常给病人做心电图检查

心电图是心脏在每个运动周期中的生物电变化过程，是心脏往复活动的表现。

心电图可以反映心肌受损程度、发展过程及心房、心室的功能结构情况。心肌缺血、心律不齐、供血不足、心肌梗死、心室心房肥大等，都可以利用心电图确诊，所以医院常常对病人要做心电图检查。

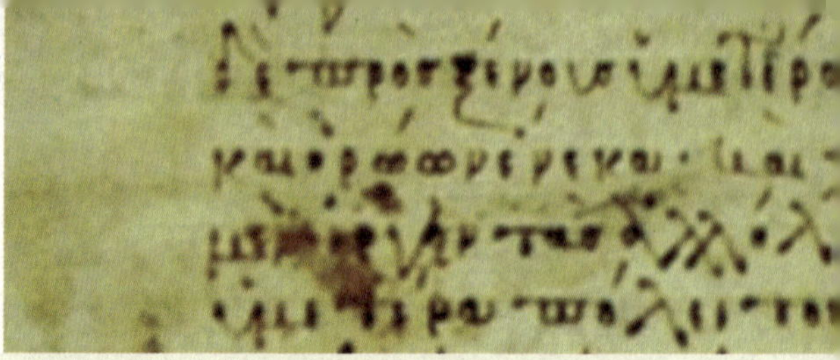

诺贝尔生理学或医学奖 1926 年	
获得者	约翰尼斯·菲比格
国籍	丹麦
获奖原因	发现“螺旋体癌虫”(约翰尼斯·菲比格命名)的生物,这种生物会在老鼠体内造成癌症,后来研究者证实约翰尼斯·菲比格的实验是个错误。

诺贝尔奖的尴尬

仿佛是为了说明人类防治癌症这种顽疾的坎坷与不利,当令人崇敬的诺贝尔奖第一次遭遇与癌症防治相关的重大发现时就“失了手”。

事情还需从头说起。

1907 年,丹麦病理学家约翰尼斯·菲比格在三只实验鼠的胃里发现了肿瘤,在肿瘤的中央有一些螺旋体线虫,约翰尼斯·菲比格把这些线虫命名为“螺旋体癌虫”。接着,他又把这些螺旋体线虫的组织或者虫卵喂食给健康的实验鼠,却并未发现实验鼠患上癌症。

约翰尼斯·菲比格

约翰尼斯·菲比格并不甘心,他继续寻求证据来证明这种螺旋体线虫能够致癌。经过反复实验和无数次的失败，他终于诱导实验鼠感染了胃癌，并发表论文宣布了他的实验结果，获得了当时一些科学家的支持。

约翰尼斯·菲比格因此而获得了 1926 年的诺贝尔生理学或医学奖。

约翰尼斯·菲比格，1867 年 4 月 23 日出生于丹麦锡尔克堡。

然后，在约翰尼斯·菲比格实验鼠感染胃癌的若干年内，科学界也一直在延续着这样的实验，想彻底证实约翰尼斯·菲比格所谓的螺旋体线虫的确是引起癌症的元凶。结果却并未如约翰尼斯·菲比格的实验结果那样——1952 年，人们发现小鼠在缺乏维生素 A 和感染线虫时，胃内会出现乳头状增生，外观类似肿瘤，却不是肿瘤，而是一种细胞炎症。

至此，约翰尼斯·菲比格的螺旋体线虫致癌的论断被推翻。

虽然这造成了诺贝尔奖的一次尴尬，但是作为一个病理学家，约翰尼斯·菲比格自有他的贡献——他对白喉和肺结核进行的早期研究证明了医学研究在公共卫生中起到的决定性的作用。比如，1900 年，他成为哥本哈根大学病理解剖学研究院院长期间，从事人类和牛的肺结核研究。约翰尼斯·菲比格研究证实，饮用染病奶牛所产的牛奶会使人类染上肺结核。他的研究直接促使《鲜奶销售法规》的出台，由此减少了肺结核造成的死亡。

今天科学技术的发展，让人们了解到诱发癌症的因素很多，治疗和预防手段也各有侧重。人类与癌症的斗争仍在艰难探索之中。

可怕癌症的常见致病因素

在医学上，癌是指起源于上皮组织的恶性肿瘤，是恶性肿瘤中最常见的一类。相对应的，起源于间叶组织的恶性肿瘤统称为肉瘤。有少数恶性肿瘤不按上述原则命名，如肾母细胞瘤、恶性畸胎瘤等。一般人们所说的癌症习惯上泛指所有恶性肿瘤。诱发肿瘤有以下两大因素：

1. 外界因素

（1）化学因素：如烷化剂、多环芳香烃类化合物、氨基偶氮类、亚硝胺类、真菌毒素和植物毒素等，可诱发肺癌、皮肤癌、膀胱癌、肝癌、食管癌和胃癌等。

（2）物理因素：电离辐射，如X射线可引起皮肤癌、白血病等，紫外线可引起皮肤癌，石棉纤维与肺癌有关，滑石粉与胃癌有关，烧伤深瘢痕和皮肤慢性溃疡均可能发生癌变等。

（3）生物因素：主要为病毒，其中1/3为DNA病毒，2/3为RNA病毒。DNA病毒如EB病毒与鼻咽癌、伯基特淋巴瘤有关，人类乳头状病毒感染与宫颈癌有关，乙型肝炎病毒与肝癌有关。RNA病毒如淋巴瘤病毒与淋巴瘤有关。此外，幽门螺旋杆菌感染与胃癌的发生也有关系。

2. 内在因素

（1）遗传因素：真正直接遗传的肿瘤只是少数不常见的肿瘤，遗传因素在大多数肿瘤发生中的作用是增加了机体发生肿瘤的倾向性和对致癌因子的易感性，如结肠息肉病、乳腺癌、胃癌等。

（2）免疫因素：先天性或后天性免疫缺陷易发生恶性肿瘤，如丙种蛋白缺乏症患者易患白血病和淋巴造血系统肿瘤，肾移植后长期应用免疫抑制剂的患者，肿瘤发生率较高，但大多数恶性肿瘤发生于免疫机能正常的人群，主要原因在于肿瘤能逃脱免疫系统的监视并破坏机体免疫系统。机制尚不完全清楚。

（3）内分泌因素：如雌激素和催乳素与乳腺癌有关，生长激素可以刺激癌的发展。

诺贝尔生理学或医学奖 1927 年	
获得者	朱利叶斯·瓦格纳—尧雷格
国籍	奥地利
获奖原因	发现在治疗麻痹性痴呆(晚期神经梅毒)过程中疟疾接种疗法的治疗价值

胆大心细斗“恶魔”

梅毒是一种穷凶极恶的流行病,曾经在15世纪初传到欧洲,短短几年内就造成了约1000万人死亡。到了18世纪,梅毒已经遍布全世界。至19世纪,梅毒愈演愈烈,发展至晚期,变成“麻痹性痴呆”,患者只有坐以待毙。

面对如此恐怖的疾病,医学界忧心忡忡,试图寻找治疗梅毒、特别是晚期梅毒的治疗方法。在青霉素未出现以前,该病的治疗分为以下几个阶段:

朱利叶斯·瓦格纳－尧雷格

第一个阶段:水银疗法。我们知道,水银有毒,用水银疗法之后,会出现严重的负面效果,有时患者会因水银的强大毒性而丢掉性命。但是这种“以毒攻毒”的治病方法依然被人们接受,也是无可奈何、也无可选择之下的

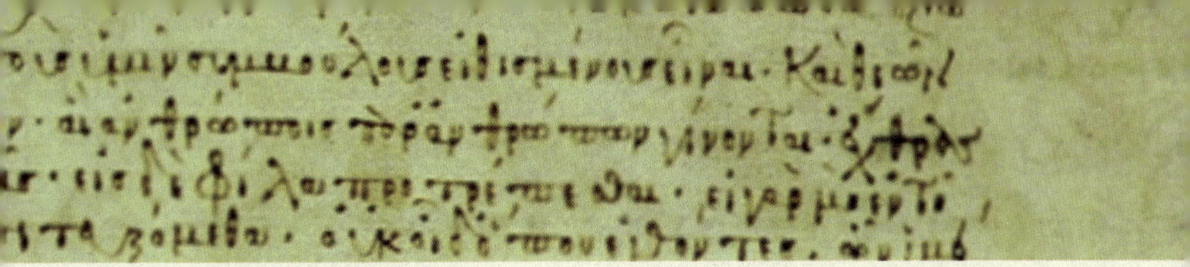

结果。

第二阶段：胂凡钠明（砷化合物）。此药物是1908年的诺贝尔生理学或医学奖获得者、德国科学家保罗·埃尔利希发明的抗梅毒药。此药对早期梅毒症状具有一定的疗效，但是对于晚期梅毒（麻痹性痴呆）却显得“束手无策”。

在很多晚期梅毒患者面对死亡而又没有办法的时候，朱利叶斯·瓦格纳—尧雷格出现了，他堪称是那些晚期梅毒患者的希望之星。

朱利叶斯·瓦格纳—尧雷格1857年3月7日出生于奥地利韦尔斯，1874—1880年在维也纳大学学习医学。

麻痹性痴呆

麻痹性痴呆，即神经梅毒，是由梅毒螺旋体侵犯大脑引起的一种晚期梅毒的临床表现，以神经麻痹、进行性痴呆及人格障碍为特点，临床上称其为进行性麻痹或全身麻痹症，这也就是神经梅毒晚期的表现形式。

在19世纪，医生们对麻痹性痴呆束手无策，甚至连延缓疾病发展都做不到。麻痹性痴呆无药可治，它使患者智能减退，生活无法自理并在几年内死去。

青霉素出现之后成为治疗麻痹性痴呆的最有效药物。

1957 年，奥地利发行的纪念朱利叶斯·瓦格纳－尧雷格邮票。

当时神经科医生在给患者治疗精神病时发现，一些麻痹性痴呆症状的患者在发高烧过后，其症状明显得到改善，但是其中的机理并不清楚。

1887 年，朱利叶斯·瓦格纳—尧雷格试图通过诱导患者发高烧来治疗麻痹性痴呆。他开始使用丹毒和结核菌来给患者治疗麻痹性痴呆，经过实验证明，效果并不理想。

朱利叶斯·瓦格纳—尧雷格继续寻找治疗方法。他发现，一些麻痹性痴呆且患有感染性疾病的人（比如肺炎）往往能获得较长时间的缓解。这个发现让他有了一个富有创新而大胆的想法：人为制造感染，以达到治疗麻痹性痴呆的效果。

1917 年，朱利叶斯·瓦格纳—尧雷格终于把这个“富有创新而大胆”的想法付诸实践当中：用疟疾感染患者，使患者不断地发热来对抗晚期神经梅毒毒素。但是，感染疟疾不也是死路一条吗？不要担心，因为当时治疗疟疾的特效药奎宁已

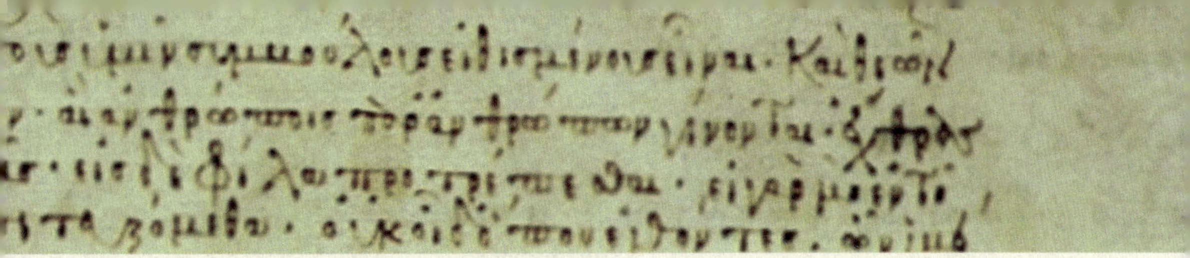

经出现，患者在治疗麻痹性痴呆时，所面临的疟疾威胁已大大降低了。

是接受这个富有创新而大胆的治疗方法，还是等待死亡？患者显然更乐意接受这个富有创新而大胆的治疗方法。当时 9 名麻痹性痴呆患者首次参加了朱利叶斯·瓦格纳—尧雷格这个实验。

实验就是冒风险，但结果出人意料的好——3 名麻痹性痴呆患者完全康复。这一实验成果得到了未曾想到的震撼效

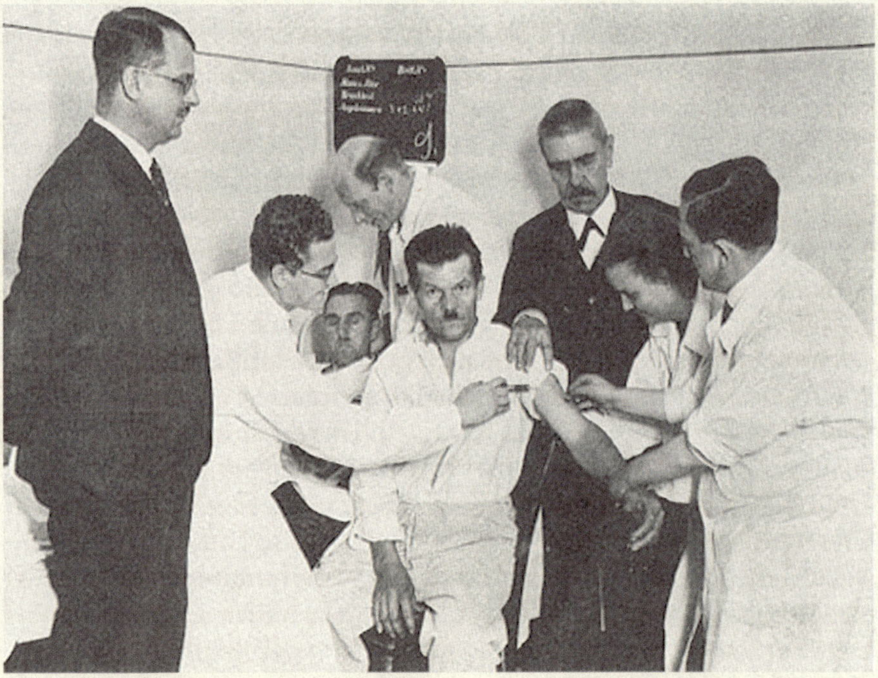

1934 年，朱利叶斯·瓦格纳—尧雷格（中右穿黑色衣服）检查梅毒患者的病情，患者（中间坐者）正在接受疟原虫（使患者感染疟疾）接种。

果，大批患者争先恐后接受了朱利叶斯·瓦格纳—尧雷格这个富有创新而大胆的治疗方法，他的声名也随之传遍世界各地。

朱利叶斯·瓦格纳—尧雷格发明的这个利用疟疾发热治愈神经梅毒的方法一直持续到青霉素诞生。

1927年，诺贝尔评奖委员会毫不吝啬地将诺贝尔生理学或医学奖颁发给了朱利叶斯·瓦格纳—尧雷格。

诺贝尔生理学或医学奖 1928 年	
获得者	查尔斯·尼柯尔
国籍	法国
获奖原因	在斑疹伤寒研究上的工作

消灭斑疹伤寒的人

1866 年 9 月 21 日，查尔斯·尼柯尔出生于法国里昂。由于他的父亲是当地医院的一位医师，因此他很早便开始学习生物学知识。1893 年，他获得了巴斯德研究所授予的医学博士学位。之后他回到鲁昂医学院教书。

1903 年，查尔斯·尼柯尔前往突尼斯市担任巴斯德研究所分所主任一职，直到 1936 年逝世。正是在这期间，他开始研究斑疹伤寒的传播途径。

查尔斯·尼柯尔

1909 年，突尼斯季节性斑疹伤寒流行，身为医生的查尔斯·尼柯尔希望找到控制流行、治疗该病的方法。然而当时的医学界对斑疹伤寒知之甚少，关于它的致病机理、传播途径、预防治疗方法都处于未知状态。

查尔斯·尼柯尔实地考察之后，发

现了这样一个细节：虽然这种传播性疾病在普通百姓和洗衣房工作人员中快速散播，但医院的病人和医护人员却没有发现被传染该疾病。查尔斯·尼柯尔发现，入住医院的病人在入住时需要清理衣物，还需要做例如洗澡等一系列清洁工作。

他提出了一个大胆的假设：斑疹伤寒的传染媒介就是寄生于人体的虱子。因为上述的清洁工作会把寄生于人体的虱子清理掉。

之后，查尔斯·尼柯尔通过在动物身上实验，证实了自己的假设：他抽取患斑疹伤寒的猩猩的血液，注射入健康的短尾猴体内，健康的短尾猴感染上斑疹伤寒后，再将健康人身

查尔斯·尼柯尔在实验室

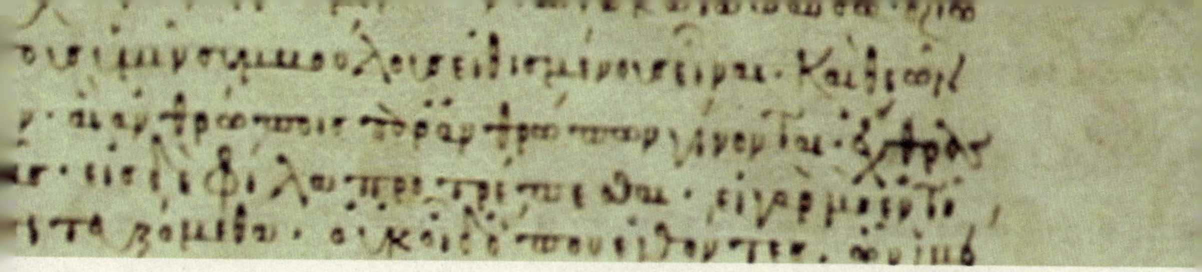

上的虱子放到患病短尾猴的身上。这些虱子再跑到其他健康短尾猴的身上，使它们很快感染了斑疹伤寒。

这个实验证明了斑疹伤寒的传播媒介就是虱子，而斑疹伤寒的病原体就寄生在虱子体内。这种病原体后来被命名为“立克次氏体”。

既然传播媒介是虱子，那么通过卫生清洁就可以有效地预防斑疹伤寒的传播，而注射感染动物血清也能有效预防斑疹伤寒。事实证明，在第一次世界大战期间，由于北非军队接受了查尔斯·尼柯尔的建议，清理寄生于人体的虱子，当时在军

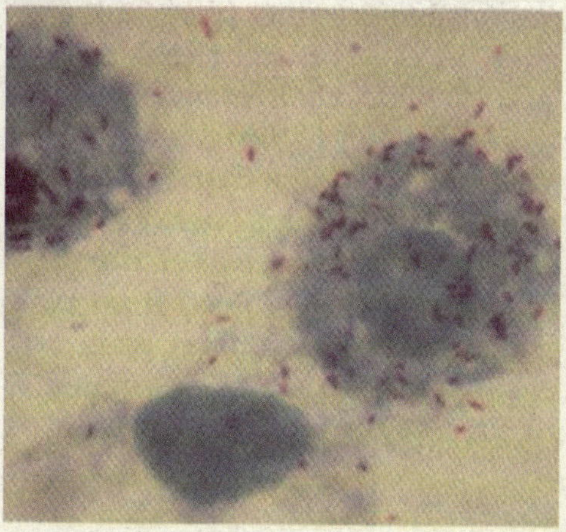

显微镜下的立克次氏体

立克次氏体

1909 年，美国病理学家霍华德·泰勒·立克次(1871—1910 年)在研究落基山斑疹热时首先发现了斑疹伤寒。第二年，他因不幸感染斑疹伤寒而为科学献身。后来斑疹伤寒病原体便以他的名字命名。

立克次氏体为革兰阴性菌，是介于细菌与病毒之间，而接近于细菌的一类原核生物。它会通过蚤、虱、蜱、螨等传入人体，使人患上斑疹伤寒等传染性疾病。

队流行的斑疹伤寒得到了有效的控制。

1928年，查尔斯·尼柯尔因在斑疹伤寒研究上的工作而获得了诺贝尔生理学或医学奖。诚如对他的颁奖辞所言:“拜查尔斯·尼柯尔的工作所赐，我们现在已经完全掌握了这一疾病,这个消灭斑疹伤寒的人值得全人类感激。”

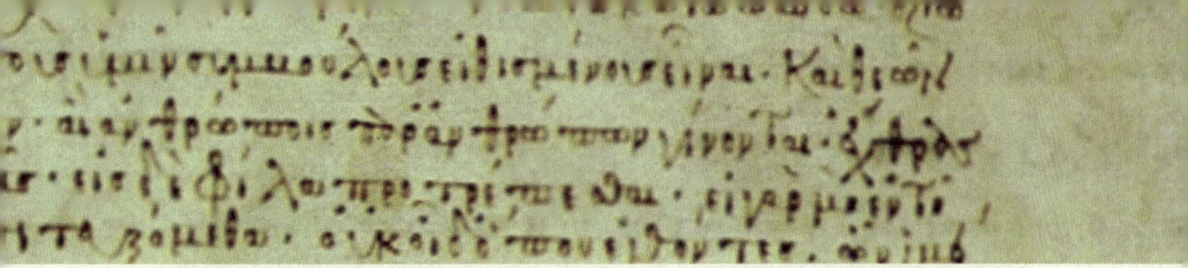

诺贝尔生理学或医学奖 1929 年		
获得者	克里斯蒂安·艾克曼	弗雷德里克·霍普金斯
国籍	荷兰	英国
获奖原因	发现抗神经炎的维生素	发现刺激生长的维生素

并不精妙的科学发现

以往的历届诺贝尔生理学或医学奖获得者，其发现或发明过程或艰辛、或耗时、或危险，但是1929年的两位诺贝尔生理学或医学奖获得者克里斯蒂安·艾克曼和弗雷德里克·霍普金斯的科学发现却并不多么精妙，他们的实验或发现都显得有点过于单调和简单，但是即便这样的科学发现依然对医学研究起到了重大的推动作用。

我们先说克里斯蒂安·艾克曼的发现。

克里斯蒂安·艾克曼，1858年8月11日出生于荷兰，从阿姆斯特丹大学毕业后，到印度尼西亚当军医，后因患疟疾退役回国。1886年他重返印尼爪哇，建立实验室，继续进行脚气病的研究（这里的脚气病不是我们常说的脚气——足癣），脚气病又称维生素 B_1（硫胺素）缺乏病，主要症状表现为四肢麻痹、肌肉萎缩、疲倦、精神萎靡等。

在克里斯蒂安·艾克曼从事研究工作的间隙，他发现饲

克里斯蒂安·艾克曼

养的鸡生病了，其症状与人类的脚气病一样。他便询问饲养者为何会出现这种情况，饲养者也不清楚状况，只是说近段时间这些鸡的生活相对好了。为什么呢？原来这些鸡平日里都是吃普通糙米，而近来却吃的是加工过的精米。作为医生的克里斯蒂安·艾克曼立即想到，脚气病或许与食物

维生素 B_1 的作用

维生素 B_1 的学名称为硫胺素、抗神经炎维生素、抗脚气病维生素，是脚气病的克星。为白色晶体，有微弱的臭味，味苦，露置在空气中易吸收水分。维生素 B_1 主要存在于种子的外皮和胚芽中，如米糠和麸皮中含量很丰富，在酵母菌中，瘦肉、白菜和芹菜中含量也较丰富。一旦缺乏，比较容易补充上。维生素 B_1 比较低调，并担任“卫士”的职务，在体内以辅酶形式参与糖的分解代谢，并有保护神经系统的作用；还能促进肠胃蠕动，增加食欲。

维生素 B_1 缺乏时，可引起多种神经炎症：患者的周围神经末梢发炎和退化，因此有四肢麻木、肌肉萎缩、心力衰竭、下肢水肿等症状。最常见的是脚气病。18 至 19 世纪脚气病在中国、日本，尤其在东南亚一带广为流行，当时每年有几十万人死于脚气病。在现代医学上，维生素 B_1 制剂治疗脚气病和多种神经炎症有显著疗效。

有关：糙米在加工成精米的过程中，把某些物质去掉了，而缺失了某些物质，人和鸡都会患上脚气病。

但是克里斯蒂安·艾克曼并没能够具体指出这种物质是什么，他只是提出这种物质为抗神经炎物质。1910 年，波兰化学家丰克从米糠中提取和提纯了该种物质，并将其命名为“Vitamin”，也就是我们今天所说的维生素 B_1。

再说弗雷德里克·霍普金斯。

弗雷德里克·霍普金斯（1861 年 6 月 20 日出生于英国伊斯特本）是英国一位生物化学家，他专注于研究食物辅助因子。

在研究期间，弗雷德里克·霍普金斯用大鼠作为实验对象，他用纯化后的蛋白质、脂肪、糖、矿物质、水等喂养大鼠，以观察大鼠的发育情况。虽然营养物质搭配得较为充分，但是

弗雷德里克·霍普金斯，英国生物化学家。英国生物化学学会在 1958 年以他的名字命名设立了霍普金斯奖章，以纪念他在生物化学领域所作出的杰出贡献。

大鼠还是不能健康地生长。他由此推论，食物当中必然缺乏某种能刺激生长的物质，他将这种物质命名为食物辅助因子。食物辅助因子也就是后来被科学界证明的维生素。

1912 年，弗雷德里克·霍普金斯发表了关于食物辅助因子的正式论文。他的论文以及研究成果引发了科学界针对维生素的研究热潮，使得人们知道了某种疾病是因为缺乏哪种维生素而致，比如坏血病因缺乏维生素 C，佝偻病因缺乏维生素 D，糙皮病因缺乏维生素 B_1，等等。虽然研究成果具有一定的局限性，但其开拓性却对后世的科学研究提供了良好的研究方法和思路。

克里斯蒂安·艾克曼和弗雷德里克·霍普金斯也因他们各自的研究成果而共同获得了 1929 年的诺贝尔生理学或医学奖。

诺贝尔生理学或医学奖 1930 年	
获 得 者	卡尔·兰德斯坦纳
国 籍	奥地利
获奖原因	提出人类的血型概念，发现 A、B、O、AB 四种血型中的前三种血型

血型概念的创立人

现代医院里进行输血时，会采取血型配对，以使得人的机体能正常运作。而你知道人类血型是谁划分的吗？

他就是因为发现了人类的 A、B、O 三种血型特征而于 1930 年获得诺贝尔生理学或医学奖的奥地利著名医学家、生理学家卡尔·兰德斯坦纳。

卡尔·兰德斯坦纳，1868 年 6 月 14 日出生于奥地利维也纳。当卡尔·兰德斯坦纳 6 岁的时候，父亲去世，他由母亲抚养长大。1885 年，他考入维也纳大学医学院。从维也纳大学医学院毕业后，他继续留校学习化学，之后在维也纳病理研究所工作。

卡尔·兰德斯坦纳

1900 年，卡尔·兰德斯坦纳在维也纳病理研究所工作时发现，甲（某患

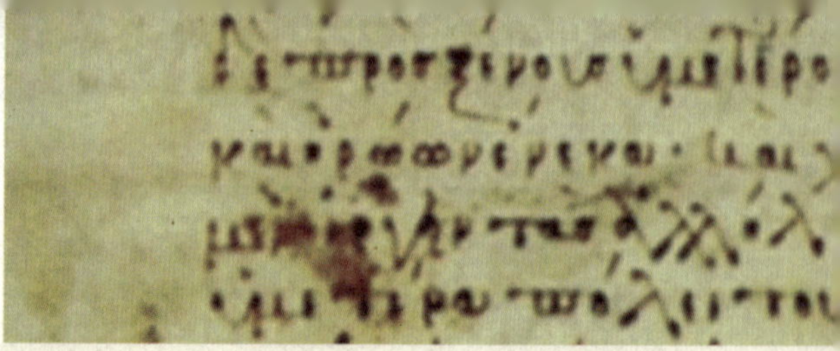

者)的血清有时会与乙(某患者)的红细胞凝结。这一现象当时并没有得到医学界的足够重视，然而卡尔·兰德斯坦纳对此却表现出了极大的兴趣，并对血液细胞开始进行深入、系统的研究。他根据人类的血液按红细胞与血清中的不同抗原和抗体提出了血型概念，把人类血型分为A、B、C(后改为O型)三型。1902年，他的两名学生又发现，除了A、B、O三种血型外，还存在着一种较为稀少的第四种类型，后来将其命名为AB型。

卡尔·兰德斯坦纳铜像

1927年，经国际会议公认，采用卡尔·兰德斯坦纳原定的字母命名，即确定血型有A、B、O、AB四种类型，至此现代血型系统正式确立。

1930年，卡尔·兰德斯坦纳因提出人类的血型概念，发现A、B、O、AB四种血型中的前三种血型而获得了诺贝尔生理学或医学奖。

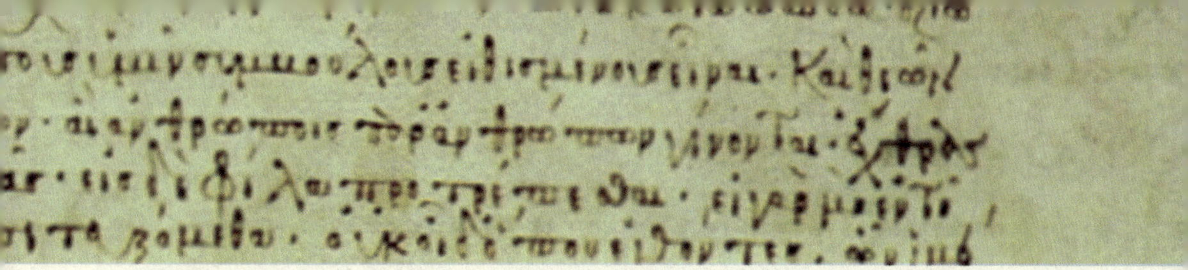

为了纪念卡尔·兰德斯坦纳，1997年奥地利发行了印有“卡尔·兰德斯坦纳在实验室工作”图像的1000先令纸币。

这个奖卡尔·兰德斯坦纳受之无愧，因为他的杰出贡献——对人类血型的研究成果——不仅为安全输血和治疗新生儿溶血症提供了科学的理论基础，而且对免疫学、遗传学、法医学都具有重大意义。

2001年，在南非约翰内斯堡举办的第八届自愿无偿献血者招募国际大会上，世界卫生组织、红十字会与红新月会国际联合会、国际献血组织联合会、国际输血协会联合倡导，将发现ABO血型系统的诺贝尔奖获得者——卡尔·兰德斯坦纳的生日——每年的6月14日定为世界献血者日，该建议自2004年起正式推行。

血型的医学原理

我们一般所谓的血型是指“ABO式”的血型，即以A型、B型、O型、AB型等外观形式上的不同来分类，这是普通的卫生常识。

大家都知道，如果遇到需要输血的病人，首先要查验、确认其血型，不确认血型是绝对不能随便输血的。决定这个血型的因素之一就是一种被称为“血液型物质”的东西。

血液型物质是一种多糖类—蛋白质型的复合化合物，是分子量极大的一种有机化合物。由于这种化合物的复合构造的不尽相同，从而分裂成A型、B型这两种物质型。

如果一个人含有A型物质，他就是A型。含有B型物质，那么就是B型。如果同时含有A型和B型物质，那他就是AB型。如果一个人身上没有任何一种血液型物质，那么他就是O型。

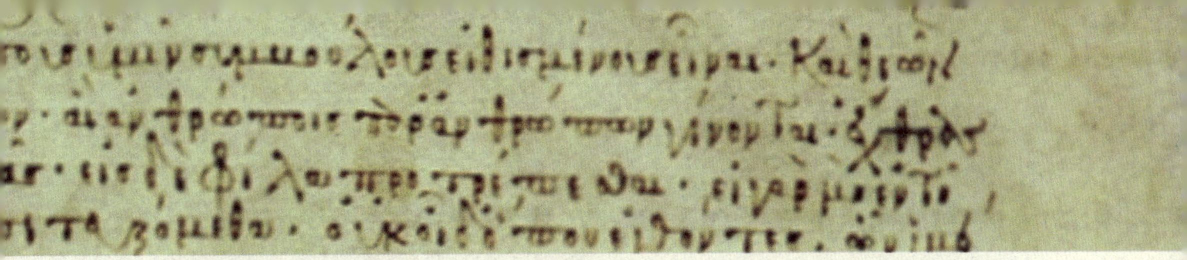

诺贝尔生理学或医学奖 1931 年	
获得者	奥托·海因里希·瓦尔堡
国籍	德国
获奖原因	发现呼吸酶的性质及作用方式

“失去你的才华将是一个悲剧”

著名科学家阿尔伯特·爱因斯坦曾给一位年轻人写过这样一封信：

离开战场，回归学术吧！对于这个世界来说，失去你的才华将是一个悲剧。

大名鼎鼎的阿尔伯特·爱因斯坦为何会给一个年轻人写这样一封信，又为何如此看重其在学术方面的才华呢？这个年轻人到底是谁？

奥托·海因里希·瓦尔堡

他就是奥托·海因里希·瓦尔堡。

1883 年 10 月 8 日，奥托·海因里希·瓦尔堡出生于德国巴登弗赖堡的一个书香门第。他的父亲是一名实验物理学家，受家庭环境的影响，他自幼便接触到不少科学界的名人，阿尔伯特·爱因斯坦也是其中之一。而且，奥托·海因里希·瓦尔堡年轻的时候，便有深厚的学术功底。且看他的学习履历——1906年，师从著名有机化学家埃米尔·费歇尔（1902年诺贝尔化学奖获得者），并获得柏林大学

奥托·海因里希·瓦尔堡在实验室

化学博士学位;1911 年,师从著名物理学家瓦尔特·赫尔曼·能斯特(1920 年诺贝尔化学奖得主,热力学第三定律的提出者),并获得海德堡大学医学博士学位。之后从事了一段研究工作。

第一次世界大战爆发后,奥托·海因里希·瓦尔堡放弃了学术研究,选择了从军。从军期间,他曾担任精英持矛骑士(骑兵团)军官,并赢得了勇敢者一级铁十字勋章,是一位合格且优秀的军人。然而,他的父亲不希望儿子从军,而是希望他回归学术。在这样的情况下,作为他父亲的朋友——阿尔伯特·爱因斯坦便给奥托·海因里希·瓦尔堡写了前面的那样一封信。

就这样,一位骑士佩戴着一枚一级铁十字勋章从战场归来,开始了他的学术研究生涯。

1913 年起,奥托·海因里希·瓦尔堡在柏林的凯瑟—威廉生物研究所工作,1918 年,被任命为凯瑟—威廉生物研究所研究员。此后,他的大部分工作都是在这个研究所完成的。

奥托·海因里希·瓦尔堡的研究方向是细胞呼吸和肿瘤细胞代谢。在研究细胞呼吸时,他证明呼吸酶是一种含铁的蛋白质,并称之为含铁加氧酶。他发现恶性细胞生长的耗氧量比正常细胞低,并提出瓦氏效应学说,该学说认为癌细胞的生长速度远大于正常细胞的原因来自于能量的来源差别。

位于德国柏林的奥托·海因里希·瓦尔堡坟墓

因发现呼吸酶的性质和作用方式，奥托·海因里希·瓦尔堡获得了1931年的诺贝尔生理学或医学奖。

除了上述成就之外，1932年，奥托·海因里希·瓦尔堡和同事们共同发现了另一种呼吸酶——黄酶；1935—1936年，

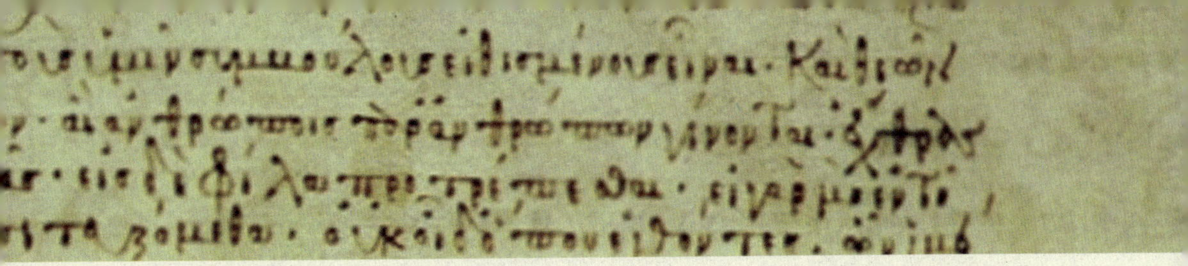

又与同事一道分离出了吡啶核苷酸；1937—1938 年，他阐明了磷酸三碳糖氧化与形成腺苷三磷酸相偶联的机理，从而在研究能量代谢方面揭开了崭新的一页。

因此，当初阿尔伯特·爱因斯坦如此高调地说“失去你的才华将是一个悲剧”并非过誉之辞，对奥托·海因里希·瓦尔堡而言也是实至名归。

瓦氏效应

由于癌细胞对葡萄糖需求量巨大，血液中 57%的糖分都被用来滋养癌细胞，以至于其无法控制地越分裂越多。所以对于含糖食品，癌症患者还是少吃或不吃为好。

癌细胞主要使用糖解作用来取代有氧循环的现象，称作瓦氏效应。癌细胞的生长速度远大于正常细胞的原因来自于能量的来源差别。

葡萄糖的分解产生能量，这种能量能被细胞中的线粒体利用，生成三磷腺苷（ATP）。还能生成诸如氨基酸、脂类以及其他复合物，这些都是形成新细胞所必需的成分。

这样的现象引起了癌症研究者的好奇：是否能借由导引细胞恢复正常有氧循环，切断癌细胞的能量供应来阻止癌细胞生长？坏蛋喜欢什么，我们就控制什么，不让其轻易得到，就是对坏蛋癌细胞的最大打击。

诺贝尔生理学或医学奖 1932 年		
获得者	查尔斯·斯科特·谢灵顿	埃德加·阿德里安
国籍	英国	英国
获奖原因	发现神经元的相关功能	

神经系统的主要建筑师

查尔斯·斯科特·谢灵顿于 1857 年 11 月 27 日出生于英国伦敦。由于受到家庭氛围的影响，谢灵顿从小就兴趣广泛，多才多艺，热爱科学、哲学、诗歌和历史。1879 年，他在剑桥大学凯尤斯学院攻读生理学，成绩优异。1882 年在剑桥大学自然科学名誉学位考试时夺得第一；1883 年第二次考试，他又成绩卓著，是学校师生公认的优秀学生。

1885 年，查尔斯·斯科特·谢灵顿去欧洲大陆深造，在“病理学之父”鲁道夫·魏尔肖和“细菌学鼻祖”罗伯特·科赫教授的指导下读研究生，这使他在生理学、形态学、组织学和病理学等方面受到了扎实的训练。

之后，查尔斯·斯科特·谢灵顿开始了他漫长的研究之路。

几个世纪以来，关于神经系统的结构和功能的资料及理论一直没有一个完整的体系，在每一个领域里都有激烈争

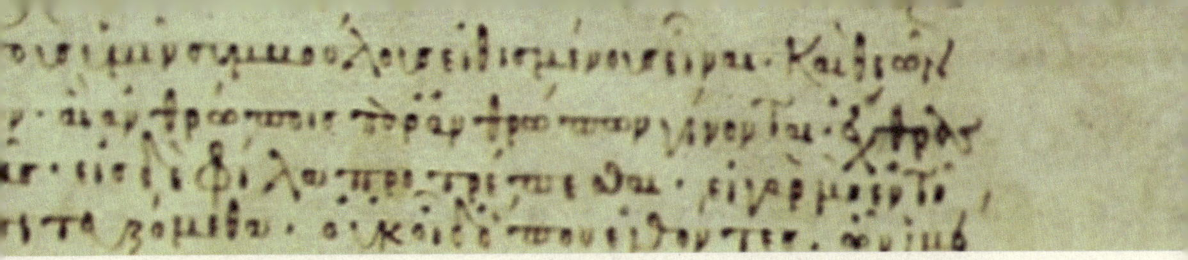

论。为把神经系统的全貌还原出来，查尔斯·斯科特·谢灵顿废寝忘食，苦心钻研，在神经系统上取得了一系列的成果：

1893 年，他发现肌肉、肌腱和关节等处具有感觉功能，并提出了“本体感觉”。比如人闭上眼睛时，能够感知身体各部的位置，这就是本体感觉。

1893 年，查尔斯·斯科特·谢灵顿（右）在剑桥陈旧的病理实验室门前留影。

1894 年，他发现支配肌肉的神经含有感觉神经纤维和引起肌肉收缩的运动神经纤维；探析了脊髓后根（感觉神经）的分布情况，脊髓后根损伤会导致感觉、运动功能障碍等。

查尔斯·斯科特·谢灵顿的演示幻灯片盒

1897 年，他提出“突触”概念，即一个神经元的冲动传到另一个神经元或传到另一细胞间的相互接触的结构。他认为神经元和神经元在这个位置进行信息沟通。

查尔斯·斯科特·谢灵顿

1900年，他指出小脑是本体感受系统的中枢。

1893—1909年间，他经过多年研究，最终提出了著名的交互神经支配理论，又叫谢灵顿定律，即在反射活动中，当一群肌肉兴奋时，相对的另一群肌肉就被抑制。比如在膝跳反射中，控制肌肉收缩的神经和控制肌肉舒张的神经就是一对交互神经。

1906年，他出版了生理学上划时代的著作《神经系统的整合作用》。该书在生理学上的地位，相当于牛顿定律在物理学上的地位，对现代神经生理学产生了深远的影响，他也因此被誉为“神经系统的主要建筑师”。

埃德加·阿德里安，英国电生理学家，1889年11月30日出生于英国伦敦。

而埃德加·阿德里安则在神经元的作用方面有重大发现，比如丘脑、大脑区及其他区域对于各种冲动的不同反应等。这一成果，使我们对于知觉与肌肉的关系有了更深的认识。

总之，他们的研究成果对神经系

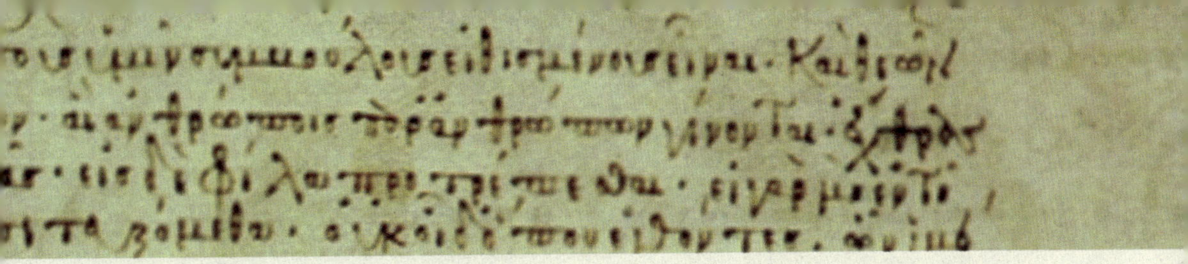

统引发的疾病，如去大脑僵直（指病变已严重侵犯脑干的一种疾病）、肢体瘫痪、神经失调、癫痫病以及其他脑外科疾病的研究、诊断与治疗，提供了重要的理论基础。

因发现神经元的相关功能，查尔斯·斯科特·谢灵顿与埃德加·阿德里安一起摘取了1932年的诺贝尔生理学或医学奖。

谢灵顿定律

查尔斯·斯科特·谢灵顿证明在反射活动中，当一群肌肉兴奋时，相对的另一群肌肉就被抑制，这种交互神经支配理论被称为“谢灵顿定律”。例如，当你步行时，一侧屈肌反射地或随意地出现收缩的同时，同侧的颉颃肌和对侧相同机能的肌肉则松弛，对侧的颉颃肌收缩。简单地说，就是你走路时的两条腿必须得相互配合，一个前，一个后，才能迈开大步，挺胸前进。这时你每迈起一条腿时，你腿前面的肌肉就要收缩，后面的肌肉就要伸展，腿才能抬起来，迈出去；同时，你迈步时的另一条腿也没闲着，它前面的肌肉得伸展，后面的肌肉得收缩，这样才能一步一步向前走。如果你偏不要这样，非得两条腿同时向前，那你只能像青蛙一样向前蹦着走了。

况且，即使你蹦着向前走的时候，两条腿的前面和后面的肌肉也是一张一弛、协调合作的。不光是大的动作，甚至细微到我们眨眼睛，上下眼皮也是各自分工配合，有伸展的，有收缩的，并且是在极短的时间——瞬间完成的，就是我们平时所说的“一眨眼的工夫”。可见交互神经支配理论存在于人与动物的所有运动之中，这是谢灵顿定律的伟大之处。

诺贝尔生理学或医学奖 1933 年	
获得者	托马斯·亨特·摩尔根
国籍	美国
获奖原因	发现遗传中染色体所起的作用

现代遗传学之父

今天的生物技术、DNA 重组、基因工程、克隆技术，等等，无一不是建立在托马斯·亨特·摩尔根所创立的现代经典遗传学大厦基础之上的。托马斯·亨特·摩尔根——被公认的现代遗传学之父，美国最著名的生物学家，1933 年诺贝尔生理学或医学奖获得者。

1866 年 9 月 25 日，托马斯·亨特·摩尔根出生于肯塔基州的列克星敦。1886 年，他在肯塔基州立学院（肯塔基大学的前身）获得了理学学士学位，由于成绩优秀，他被选为毕业生代表在毕业典礼上致告别词。毕业之后，他进入了霍普金斯大学的研究生院，开始了他的学术研究生涯——毕生从事胚胎学和遗传学研究。

托马斯·亨特·摩尔根

托马斯·亨特·摩尔根最负盛名的研究成果——利用果蝇进行的遗传学研究。

1903年，在实验胚胎学研究的基础上，托马斯·亨特·摩尔根开始了对进化论的研究，着重研究与确定性别有关的遗传学和细胞学。在哥伦比亚大学那间不足25平方米的“果蝇室”里，他们取得了一系列重大发现。

托马斯·亨特·摩尔根和他的学生通过一系列杂交实验，将决定眼睛颜色的基因定位于X染色体上，进一步确认染色体是基因的载体，并发现位于同一染色体上的基因之间的连

利用果绳研究基因遗传的实验装置

锁、交换和不分开等现象，建立了遗传学的第三定律——连锁交换定律。他们把400多种突变基因定位在染色体上，制成染色体图谱，即基因的连锁图。托马斯·亨特·摩尔根于1928年出版了《基因论》专著，对基因这一遗传学基本概念进行了具体而明确的描述。

基因学说从此诞生了，男女性别之谜也终于被揭开了。从此，遗传学结束了空想时代，重大发现接踵而至，并成为20世纪最为活跃的研究领域。

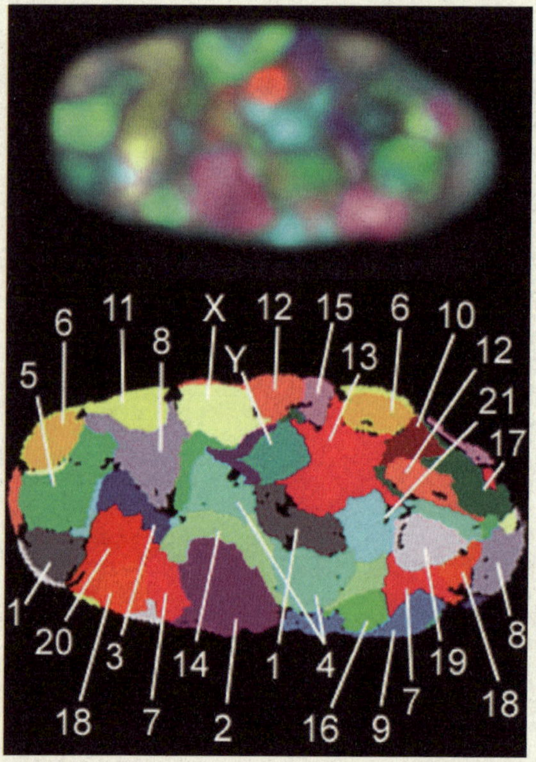

用计算机分类后，24种不同的人类染色体标记（1–22，X，Y）在成纤维细胞的细胞核上，用虚拟所有染色体区域的假彩色表示。

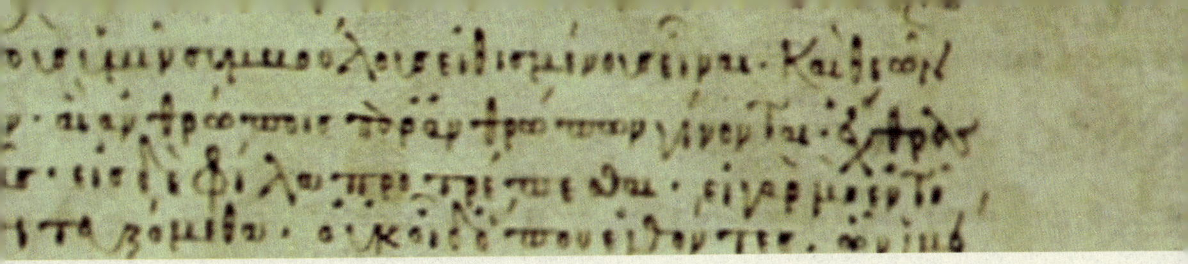

染色体与男女性别

人类的体细胞中有23对(46条)染色体，其中一对为性染色体，22对为常染色体。性染色体是决定性别的。女性的性染色体为XX，男性的性染色体为XY。因此，女性只能产生一种具有性染色体X的卵子，男性却能产生两种精子，一种具有性染色体X的精子，另一种具有性染色体Y的精子。

当卵子和精子结合以后，如果卵子和含有性染色体X的精子结合，受精卵就是XX型，发育成女胎；如果卵子和含有性染色体Y的精子结合，受精卵就是XY型，发育成男胎。根据上面所分析的理由，证明生男生女是与性染色体有关的。

性染色体XX和性染色体XY之所以能够决定性别，是由于在这些染色体上存在有控制性别的基因。无论是男孩还是女孩，在胚胎早期都不能辨认出来。早期胚胎既不是女性，也不是男性，而是中性。胚胎内存在两种性腺，一种是外层组织即皮质，另一种是间质组织即髓质。在正常性分化过程中，这两种性腺只有一种发育正常，继续存留，而另一种则逐渐退化而消失，从而决定了胎儿是男还是女。

诺贝尔生理学或医学奖 1934 年			
获得者	乔治·迈诺特	威廉·莫菲	乔治·惠普尔
国籍	美国	美国	美国
获奖原因	关于贫血的研究		

恶性贫血病阻击战

1885 年 12 月 2 日，乔治·迈诺特出生于美国波士顿城，他的祖先是 1630 年从英国迁居美国的侨民。

由于家境不富裕，乔治·迈诺特中学毕业后无法继续深造，勇敢的他向哈佛大学写了一份入学申请，他的直率和决心终于感动了学校的管理者，被准许入学，当试读生兼图书馆管理员。入学后，乔治·迈诺特如饥似渴地阅读各类书籍。由于他刻苦钻研，成绩优秀，很快被转为正式生。后来，他获得了学士学位和医学博士学位。

乔治·迈诺特

1920 年，纽约州罗斯特大学医学院教授乔治·惠普尔在美国医药学会年会上，报告了关于食

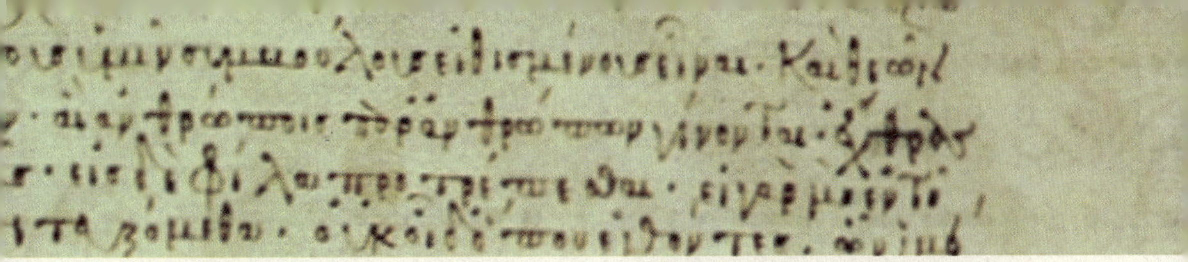

用动物肝脏是治疗贫血疾患最有效的途径的初步研究结果。

这项报告在当时没有引起注意，而乔治·迈诺特对此如获至宝。他根据自己的研究和观察，认为乔治·惠普尔的结果与自己的想法一致。

乔治·惠普尔，1878年8月28日出生于美国新罕布什尔州阿希兰，美国医学家。

1924—1926年间，乔治·迈诺特和他的合作伙伴、来自哈佛医学院的威廉·莫菲博士，共同致力于临床治疗恶性贫血的实

1921年，乔治·惠普尔到罗彻斯特大学工作，并创建了罗彻斯特大学医学院。

威廉·莫菲,1892 年 2 月 6 日出生于美国威斯康星州,美国医学家。

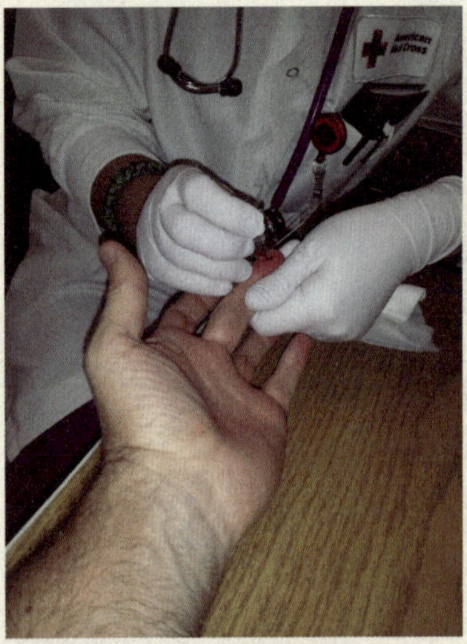

图为血红蛋白浓度测量。血红蛋白是评价病人是否贫血的一个重要指标。

验和方法。

首先，乔治·迈诺特和威廉·莫菲开始集中研究肝（可食用肝)的药理。经过研究后他们提出:“消化系统紊乱是引起疾病的原因之一……在恶性贫血病人中，几乎常常发现胃中缺乏盐酸。”他们还提出:“在肝中含有一种叫红细胞成熟因子的活性物质，在胃液中同样有这种物质。所以食用动物肝脏能增强红细胞的形成,改善贫血症状。”

其次，他们选用牛肝作为主要食物给贫血患者吃,先后试验了 45 名病例。他们发现,许多病人服用后，一周内病情明显减轻,两个月内红细胞数目由低含量增加到正常水平,苍白的脸上开始出现红润。恶性贫血患者，一般除食欲不振、恶心、腹胀、腹泻等症状外,还有舌炎、黄疸等

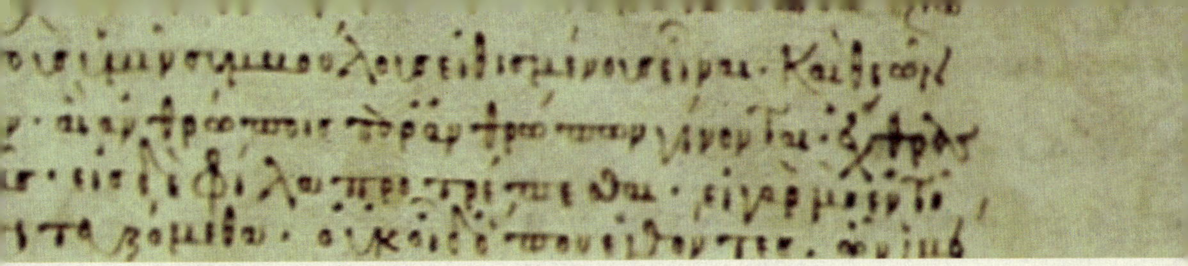

胃肠道症状，食用肝脏后，以上症状随之消失。

上述临床治疗方法，即恶性贫血的肝脏食疗法。

但是，新的问题出来了，由于每个病人每天需要生肝

素食主义者为何易贫血

素食主义者就是只吃果蔬不吃肉的人，最多吃点鸡蛋。在素食者中，最常见的困扰就是贫血了。贫血的患者血红蛋白浓度下降，血液中红细胞的携氧能力降低，无法满足人体各器官对氧的需求，因而会出现各种各样的症状。如头晕、精神不振、嗜睡、体力差、耐力下降、脸色苍白，常常感到心悸、心动过速。

那么，为什么素食者容易患贫血呢？

因为铁是人体必需的微量元素，血红蛋白的合成离不开铁，缺铁性贫血也是世界上最常见的贫血类型。多数食物中都含有铁，而动物性食品中所含的铁要远远优于植物。肉类中含有的肌红蛋白是铁的优质来源，食用后其吸收率可达到20%。动物的肝脏、血液中也富含铁。与此相比，植物中所含的铁就要难吸收得多（仅为1%～2%），因为植物中的铁多为三价铁。所以拒绝动物性食物的素食者们更易发展成为缺铁性贫血。

另一个因素是人体不能自行合成维生素 B_{12}。维生素 B_{12} 又称为钴胺素，可促进蛋白质合成，促进红细胞的发育和成熟。维生素 B_{12} 主要存在于动物性食物中，以肝、肾、心、肌肉以及蛋乳中含量为多，植物中几乎没有。缺铁和缺维生素 B_{12} 都会导致贫血，而这两种营养素又主要分布于动物性食品当中，因此素食者尤其应注重膳食中这两种营养素的摄入。

300～600克，甚至更多，给这一疗法的应用和推广带来困难。于是，他们又进一步研究测定肝中的有效成分，从肝组织中提取这些成分。他们先制成了口服制剂，后又制成可供肌肉注射的针剂。目前医药上使用的肝精注射液便是在此基础上制造出来的。

从此，恶性贫血不再是难治之症，他们研制的治疗恶性贫血的有效新药，为恶性贫血患者解除了痛苦。

因关于贫血的研究，1930年，乔治·迈诺特与威廉·莫菲一起获得了爱丁堡大学实践治疗学卡梅尼奖、美国人类科学月刊金质奖章。

1934年，乔治·迈诺特和威廉·莫菲、乔治·惠普尔共同荣获了诺贝尔生理学或医学奖。